中等职业学校工业和
信息化精品系列教材

Premiere
数字影视剪辑

项目式全彩微课版

主编：谢丽丽 古淑强

副主编：李想 王从会 唐莹梅

人民邮电出版社

北 京

图书在版编目（CIP）数据

Premiere数字影视剪辑 : 项目式全彩微课版 / 谢丽
丽, 古淑强主编. -- 北京 : 人民邮电出版社, 2022.7（2023.8重印）
中等职业学校工业和信息化精品系列教材
ISBN 978-7-115-58881-4

Ⅰ. ①P… Ⅱ. ①谢… ②古… Ⅲ. ①视频编辑软件—
中等专业学校—教材 Ⅳ. ①TN94

中国版本图书馆CIP数据核字(2022)第043591号

内 容 提 要

本书全面、系统地介绍 Premiere Pro CC 2019 的基本操作方法及影视编辑技巧，具体内容包括视频编辑基础、Premiere Pro CC 2019 基础操作、影视剪辑、视频过渡、视频效果、调色与键控、添加字幕、加入音频、输出文件和综合设计实训。

本书基本按照"项目—任务"的体例编写：通过"任务引入"设置任务情境；通过"任务知识"介绍视频编辑的相关知识和软件功能；通过"任务实施"讲解影视编辑技巧；通过"扩展实践"和"项目演练"提高学生的实际应用能力。本书的最后一个项目安排了 4 个综合设计实训，可以帮助学生巩固所学知识，快速提高实战水平。

本书可作为中等职业学校数字艺术专业"影视编辑"课程的教材，也可供相关人员学习参考。

- ◆ 主　　编　谢丽丽　古淑强
  　副 主 编　李　想　王从会　唐莹梅
  　责任编辑　王亚娜
  　责任印制　王　郁　焦志炜
- ◆ 人民邮电出版社出版发行　　北京市丰台区成寿寺路 11 号
  　邮编　100164　电子邮件　315@ptpress.com.cn
  　网址　https://www.ptpress.com.cn
  　北京九天鸿程印刷有限责任公司印刷
- ◆ 开本：889×1194　1/16
  　印张：11.75　　　　　　　　2022 年 7 月第 1 版
  　字数：242 千字　　　　　　2023 年 8 月北京第 2 次印刷

定价：59.80 元

读者服务热线：(010)81055256　印装质量热线：(010)81055316
反盗版热线：(010)81055315
广告经营许可证：京东市监广登字 20170147 号

前 言
PREFACE

本书全面贯彻党的二十大精神，以社会主义核心价值观为引领，传承中华优秀传统文化，坚定文化自信，使内容更好体现时代性、把握规律性、富于创造性。

本书根据岗位技能要求引入企业真实案例来进行项目式教学。在内容选取方面，本书力求细致全面、重点突出；在文字叙述方面，本书注意言简意赅、通俗易懂；在实训设计方面，本书强调实训的针对性和实用性。

本书除了配备微课视频，还提供 PPT 课件、教学大纲、教学教案等丰富的教学资源，教师可登录人邮教育社区（www.ryjiaoyu.com）免费下载使用。本书的参考学时为 60 学时，各项目的参考学时参见下面的学时分配表。

项目号	课程内容	学时
项目 1	发现视频中的美——视频编辑基础	4
项目 2	熟悉剪辑工具——Premiere Pro CC 2019 基础操作	6
项目 3	掌握剪辑方法——影视剪辑	6
项目 4	了解过渡技巧——视频过渡	6
项目 5	熟悉效果应用——视频效果	6
项目 6	掌握特殊技巧——调色与键控	6
项目 7	熟悉字幕运用——添加字幕	6
项目 8	了解音频应用——加入音频	6
项目 9	掌握输出技巧——输出文件	6
项目 10	掌握商业应用——综合设计实训	8
学时总计		60

本书由谢丽丽、古淑强任主编，李想、王从会、唐莹梅任副主编。由于编者水平有限，书中难免存在疏漏和不足之处，敬请广大读者批评指正。

编者

2023 年 5 月

目 录

CONTENTS

项目1

发现视频中的美
——视频编辑基础

　　随着互联网技术与数字视频技术的不断发展，视频编辑技术也在不断进步，从事视频编辑工作的相关人员需要与时俱进地学习视频编辑知识与技巧。本项目主要对视频编辑的应用领域和基本流程进行讲解。通过对本项目的学习，读者可以对视频编辑工作有一个基本的认识，为后面学习视频编辑打下基础。

学习引导

知识目标
- 了解视频编辑的应用领域
- 明确视频编辑的基本流程

能力目标
- 掌握遴选优秀视频编辑作品的原则
- 掌握收集视频素材的方法

素养目标
- 培养对视频编辑的兴趣

任务 1.1　了解视频编辑的应用领域

1.1.1　任务引入

本任务要求读者首先了解视频编辑的应用领域；然后通过搜索并欣赏优秀视频，培养对视频编辑的兴趣。

1.1.2　任务知识：视频编辑的应用领域

❶ 节目包装

节目包装是对节目整体形象的规范和强化。视频编辑软件提供了字幕编辑、视频切换及视频缩放等功能，可以帮助用户进行节目包装，在突出节目特点的同时，提高节目的识别度，使包装形式与节目有机地融为一体，如图1-1所示。

图 1-1

❷ 电子相册

电子相册（见图1-2）相较于传统相册，具有保存时间长的优势，如图1-2所示。视频编辑软件提供了特效控制台、转场效果及字幕命令等功能，可以帮助用户制作出精美的电子相册，记录生活中的精彩瞬间。

图 1-2

③ 纪录片

纪录片是一种以真实生活为创作素材，并对其进行艺术加工与展现，从而引发观众思考的艺术形式。视频编辑软件提供了添加动画效果、调整速度和持续时间及添加字幕效果等功能，可以帮助用户制作出生动、质朴的纪录片，如图 1-3 所示。

图 1-3

④ 产品广告

产品广告通常用来宣传商品、服务、组织、概念等。如图 1-4 所示。视频编辑软件提供了特效控制台、添加轨道及新建序列等功能，可以帮助用户制作出别具一格、具有视觉冲击力的广告，如图 1-4 所示。

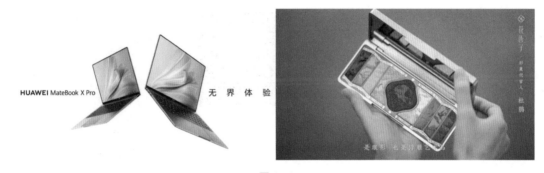

图 1-4

⑤ 节目片头

节目片头是片头字幕播放前的一段视频，用于概括节目的主题，引起观众对节目的兴趣。视频编辑软件提供了特效控制台、添加字幕及轨道等功能，可以帮助用户制作出风格独特的节目片头，如图 1-5 所示。

图 1-5

6 MV

MV 即 Music Video，是制作人把对音乐的解读用画面呈现的一种艺术形式。视频编辑软件提供了特效控制台、效果面板及添加轨道等功能，可以帮助用户制作出各种风格的 MV，如图 1-6 所示。

图 1-6

1.1.3 任务实施

（1）登录新片场官网，其首页如图 1-7 所示。在菜单栏中选择"发现→广告"命令，如图 1-8 所示。

图 1-7

图 1-8

（2）跳转到广告页面，如图 1-9 所示。在其中选择感兴趣的视频，单击视频即可进行预览。

图 1-9

任务1.2　明确视频编辑的基本流程

1.2.1　任务引入

本任务要求读者首先了解视频编辑的基本流程；然后学会在视频网站中搜索并保存、编辑素材。

1.2.2　任务知识：视频编辑的基本流程

视频编辑的基本流程为前期准备、脚本策划、进行拍摄、剪辑制作、审核修改、保存发布，如图 1-10 所示。

场景	镜头号	景别	拍摄手法	拍摄角度	内容	字幕	备注
花艺公司	1	近景	移摄	正面平视角度	将装饰花弃用的小灯放在固定工具上进行展示		
花艺公司	2	特写	固定拍摄		小型花卉蓄水管的展示，镜头以近处为起点，从近至远展示蓄水管		
花艺公司	3	近景	固定拍摄		花艺师工作画面，画面固定拍摄花艺师工作画面		
花艺公司	4	特写	固定拍摄		花架制作，画面固定拍摄花艺师制作花架的场景		
花艺公司	5	特写	固定拍摄		花艺师固定产品，使用工具粘贴固定产品		
花艺公司	6	特写	固定拍摄		小型蓄水管添加支架，高面固定拍摄花艺师为蓄水管添加支架的过程		
花艺公司	7	特写	固定拍摄		添加好支架的蓄水管展示，画面固定拍摄处理好的蓄水罐和工具		
花艺公司	8	特写	固定拍摄	俯视角度	为大型蓄水管添加支架，画面固定拍摄花艺师为蓄水管添加支架的过程		

前期准备　　　　　　　　　　脚本策划　　　　　　　　　　进行拍摄

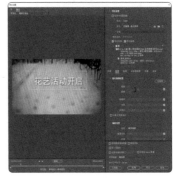

剪辑制作　　　　　　　　　　审核修改　　　　　　　　　　保存发布

图 1-10

1.2.3　任务实施

（1）登录新片场官网，单击其页面右上方的"搜索"按钮 🔍，如图 1-11 所示，弹出图 1-12 所示的搜索框，在其中输入关键词"Premiere"，按 Enter 键，进入搜索页面。

图 1-11

图 1-12

（2）搜索页面如图 1-13 所示，单击视频即可进行预览。

图 1-13

（3）在搜索页面中选择地址栏中的网址，按 Ctrl+C 组合键复制网址，然后将其保存到文档中，作为视频编辑素材。

项目2

02

熟悉剪辑工具
——Premiere Pro CC 2019基础操作

本项目将对Premiere Pro CC 2019的基础知识和基本操作进行讲解。通过对本项目的学习，读者可以了解并掌握Premiere Pro CC 2019的基础知识，并能熟练操作项目文件。

📊 学习引导

🖥 知识目标

- 熟悉 Premiere Pro CC 2019 的操作界面
- 熟悉常用的面板

📋 能力目标

- 掌握常用面板的操作方法
- 掌握项目文件的基本操作方法

📝 素养目标

- 提高软件的操作速度

任务 2.1   熟悉 Premiere Pro CC 2019 操作界面

2.1.1   任务引入

本任务要求读者首先熟悉 Premiere Pro CC 2019 的操作界面；然后通过为素材添加过渡效果了解常用面板的使用方法。

2.1.2   任务知识：Premiere Pro CC 2019 的操作界面和常用面板

❶ 操作界面

Premiere Pro CC 2019 的操作界面如图 2-1 所示，该界面由标题栏、菜单栏、"效果控件"面板、时间轴面板、工具面板、预设工作区、"节目"/"字幕"/"参考"面板组、"项目"/"效果"/"基本图形"/"字幕"面板组等组成。

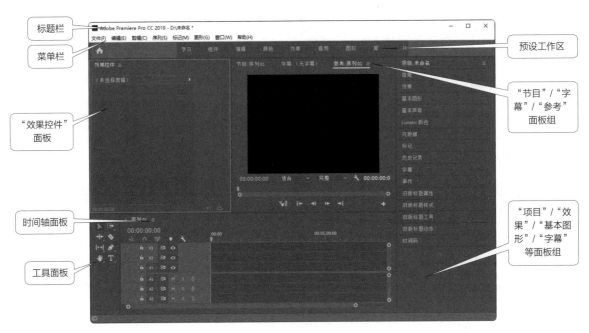

图 2-1

❷ "项目"面板

"项目"面板主要用于输入、组织和存放将在时间轴面板中编辑合成的原始素材，如图 2-2 所示。按 Ctrl+PageUp 组合键，可将"项目"面板的显示方式切换为列表，如图 2-3 所示。单击"项目"面板上方的 ▤ 按钮，在弹出的菜单中可以选择面板及相关功能的显示与隐藏方式等，如图 2-4 所示。

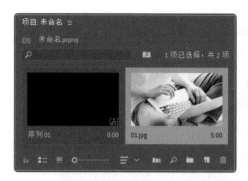

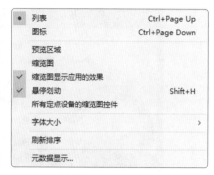

图 2-2   图 2-3   图 2-4

"项目"面板底部从左至右分别有"项目可写"按钮█ /"项目只读"按钮█、"列表视图"按钮█、"图标视图"按钮█、"调整图标和缩览图的大小"滑块█、"排序图标"按钮█、"自动匹配序列"按钮█、"查找"按钮█、"新建素材箱"按钮█、"新建项"按钮█和"清除"按钮█。

❸ 时间轴面板

时间轴面板是 Premiere Pro CC 2019 的核心面板，在编辑视频的过程中，大部分工作都是在时间轴面板中完成的。通过时间轴面板，用户可以轻松地实现对素材的剪辑、插入、复制、粘贴、修整等操作，如图 2-5 所示。

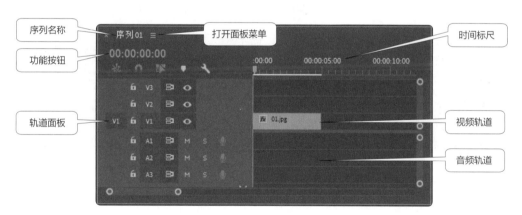

图 2-5

时间轴面板中包括"将序列作为嵌套或个别剪辑插入并覆盖"按钮█、"对齐"按钮█、"链接选择项"按钮█、"添加标记"按钮█、"时间轴显示设置"按钮█、"切换轨道锁定"按钮█ /█、"切换同步锁定"按钮█、"切换轨道输出"按钮█、"静音轨道"按钮█、"独奏轨道"按钮█、滑块█和时间码█。

❹ 监视器面板

监视器面板分为"源"面板和"节目"面板，分别如图 2-6 和图 2-7 所示。它们用于显示所有已编辑或未编辑的视频片段。

图 2-6   图 2-7

分别单击"源"面板和"节目"面板右下方的"按钮编辑器"按钮 ➕，弹出图 2-8 和图 2-9 所示的面板。这两个面板中都包含常用按钮，如"清除入点"按钮、"清除出点"按钮、"从入点到出点播放视频"按钮、"添加标记"按钮、"转到下一标记"按钮、"转到上一标记"按钮、"播放邻近区域"按钮、"循环播放"按钮、"安全边距"按钮、"导出帧"按钮、"隐藏字幕显示"按钮、"切换代理"按钮、"切换 VR 视频显示"按钮、"切换多机位视图"按钮、"转到下一个编辑点（向下）"按钮、"转到上一个编辑点（向上）"按钮、"多机位录制开 / 关"按钮、"还原裁剪会话"按钮、"贴靠图形"按钮和"比较视图"按钮等。

图 2-8   图 2-9

可以直接将需要的按钮拖曳到面板下方的显示框中，如图 2-10 所示。松开鼠标，所选按钮会显示在面板中，如图 2-11 所示。单击"确定"按钮，所选按钮就被添加到面板中了。可以用相同的方法往面板中添加多个按钮。单击"源"面板或"节目"面板右下方的"按钮编辑器"按钮 ➕，在弹出的面板中单击"重置布局"按钮，然后单击"确定"按钮，即可恢复默认布局。

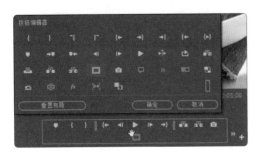

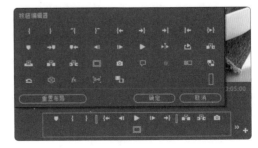

图 2-10   图 2-11

⑤ 其他面板

◎ "效果"面板

"效果"面板中存放着 Premiere Pro CC 2019 自带的各种预设的视频和音频效果。这些效果按照功能分为"预设""Lumetri 预设""音频效果""音频过渡""视频效果""视频过渡"6 类，每一类按照效果的具体作用又细分为很多小类，如图 2-12 所示。用户安装的第三方效果插件也将出现在该面板的相应文件夹中。

◎ "效果控件"面板

"效果控件"面板主要用于设置对象的运动、不透明度等效果，如图 2-13 所示。

◎ "音轨混合器"面板

使用"音轨混合器"面板可以更加有效地调节项目的音频，实时混合各轨道中的音频对象，如图 2-14 所示。

 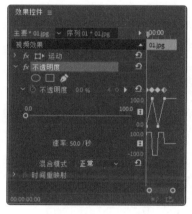 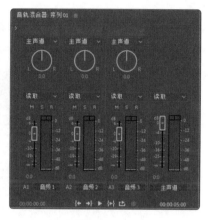

图 2-12　　　　　　　　　图 2-13　　　　　　　　　图 2-14

◎工具面板

工具面板中的工具主要用于对时间轴面板中的音频、视频等内容进行编辑，如图 2-15 所示。

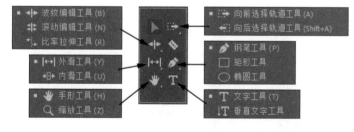

图 2-15

2.1.3　任务实施

（1）启动 Premiere Pro CC 2019，选择"文件 → 打开项目"命令，弹出"打开项目"对话框，选择本书云盘中的"Ch01\ 滑板俱乐部短视频"文件，如图 2-16 所示。

图 2-16

（2）单击"打开"按钮，打开文件，如图 2-17 所示。在"效果"面板中展开"视频过渡"文件夹，单击"溶解"文件夹左侧的 ▶ 按钮将其展开，选择"交叉溶解"效果，如图 2-18 所示。

图 2-17

图 2-18

（3）将"交叉溶解"效果拖曳到时间轴面板中"01"文件的结束位置与"02"文件的开始位置之间，如图 2-19 所示。弹出提示对话框，如图 2-20 所示，单击"确定"按钮。在"节目"面板中单击"播放 - 停止切换"按钮 ▶ 预览视频效果，如图 2-21 和图 2-22 所示。

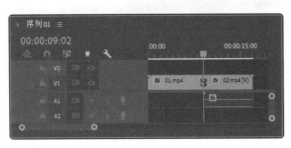

图 2-19

图 2-20

图 2-21

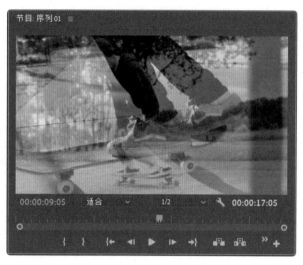

图 2-22

任务 2.2　掌握软件的基础操作

2.2.1　任务引入

本任务要求读者首先掌握整理素材的方法；然后通过将素材添加到时间轴面板中了解在面板中添加素材的技巧，通过切割素材掌握相关工具的使用方法，通过保存和关闭新建文件熟练掌握"保存"和"关闭项目"命令的使用方法。

2.2.2　任务知识：软件操作与素材整理

① 项目文件操作

◎ 新建项目文件

（1）选择"开始 → Adobe Premiere Pro CC 2019"命令，或双击桌面上的 Premiere Pro CC 2019 快捷图标，启动软件。

（2）选择"文件 → 新建 → 项目"命令，或按 Ctrl+Alt+N 组合键，弹出"新建项目"对话框，如图 2-23 所示。在其中进行相应的设置，单击"确定"按钮，即可创建一个新的项目文件。

（3）选择"文件 → 新建 → 序列"命令，或按 Ctrl+N 组合键，弹出"新建序列"对话框，如图 2-24 所示。在其中进行需要的设置，单击"确定"按钮，即可创建一个新的序列。

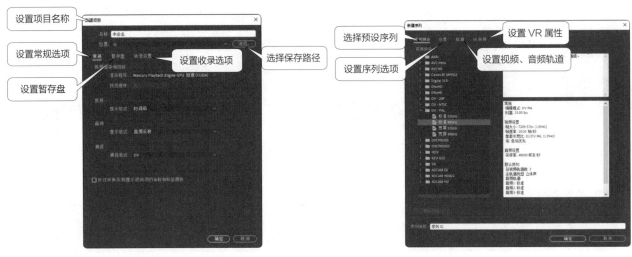

图 2-23　　　　　　　　　　　　　　　　　图 2-24

◎ 打开项目文件

选择"文件 → 打开项目"命令，或按 Ctrl+O 组合键，在弹出的"打开项目"对话框中选择需要打开的项目文件，如图 2-25 所示。单击"打开"按钮，即可打开选择的项目文件。

选择"文件 → 打开最近使用的内容"命令，在其子菜单中选择需要打开的项目文件，如图 2-26 所示，即可打开选择的项目文件。

图 2-25　　　　　　　　　　　　　　　　　图 2-26

◎ 保存项目文件

启动 Premiere Pro CC 2019 后，系统会提示用户先保存一个设置了参数的项目。因此，对于编辑过的项目文件，直接选择"文件→保存"命令或按 Ctrl+S 组合键即可将其保存。另外，系统还会每隔一段时间自动保存一次项目文件。

选择"文件→ 另存为"命令（或按 Ctrl+Shift+S 组合键），或者选择"文件 → 保存副本"命令（或按 Ctrl+Alt+S 组合键），弹出"保存项目"对话框。在其中设置完成后，单击"保存"按钮，可以保存项目文件的副本。

◎ 关闭项目文件

选择"文件 → 关闭项目"命令，即可关闭当前项目文件。如果对当前项目文件做了修

改却未保存，系统将会弹出图 2-27 所示的提示对话框，询问是否
要保存对该项目文件所做的修改。单击"是"按钮，将保存修改
并退出项目文件；单击"否"按钮，则不保存修改并退出项目文件。

图 2-27

2 撤销与恢复操作

选择"编辑→ 撤销"命令，可以撤销上一步操作。连续选择此命令，则可连续撤销已做
的多步操作。如果要取消撤销操作，可选择"编辑 → 重做"命令。例如，在删除一个素材后，
通过"撤销"命令撤销了删除操作，但如果仍想删除这个素材，可选择"编辑 → 重做"命令。

3 导入素材

◎ 导入图层文件

选择"文件→导入"命令，弹出"导入"对话框，如图 2-28 所示。在其中选择"Adobe Illustrator
文件"等含有图层的文件格式，选择需要导入的文件，单击"打开"按钮，弹出图 2-29 所示的对话框。

图 2-28

图 2-29

在"导入为"下拉列表中，可选择"合并所有图层""合并的图层""各个图层""序
列"等选项。这里选择"序列"选项，如图 2-30 所示。单击"确定"按钮，"项目"面板
中会自动生成一个文件夹，其中包括序列文件和图层素材，如图 2-31 所示。

图 2-30

图 2-31

◎ 导入图片

在"项目"面板的空白区域双击，弹出"导入"对话框。找到序列文件所在的目录，选择相应文件，勾选"图像序列"复选框，如图 2-32 所示。单击"打开"按钮，导入素材。导入序列文件后的"项目"面板如图 2-33 所示。

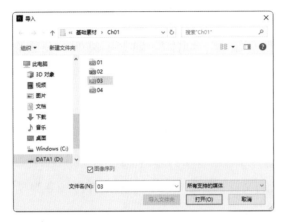 

图 2-32　　　　　　　　　　　　　　　　图 2-33

④ **改变素材名称**

在"项目"面板中选择素材，单击鼠标右键，在弹出的快捷菜单中选择"重命名"命令，素材名将处于可编辑状态，直接输入新名称即可，如图 2-34 所示。

⑤ **利用素材箱组织素材**

单击"项目"面板下方的"新建素材箱"按钮■，系统会自动创建一个新文件夹，如图 2-35 所示。单击文件夹左侧的▷按钮可以返回到上一级素材列表。

图 2-34　　　　　　　　　　　　　　　图 2-35

2.2.3 任务实施

（1）启动 Premiere Pro CC 2019，选择"文件 → 新建→项目"命令，弹出"新建项目"对话框，在其中进行设置，如图 2-36 所示。单击"确定"按钮，新建项目。选择"文件 → 新建 → 序列"命令，弹出"新建序列"对话框，选择"设置"选项卡，其中的设置如图 2-37 所示，单击"确定"按钮，新建序列。

（2）选择"文件 → 导入"命令，弹出"导入"对话框，选择本书云盘中的"Ch01\ 春雨时节短视频 \ 素材 \01"文件，如图 2-38 所示。单击"打开"按钮，将素材导入"项目"面板中，如图 2-39 所示。

图 2-36

图 2-37

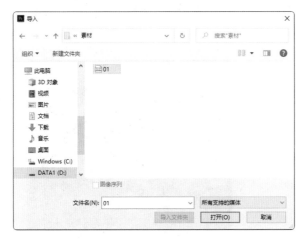

图 2-38

图 2-39

（3）在"项目"面板中选择"01"文件并将其拖曳到时间轴面板中的"视频 1（V1）"轨道中，弹出"剪辑不匹配警告"对话框，如图 2-40 所示。单击"保持现有设置"按钮，在保持现有序列设置的情况下将"01"文件放置在"视频 1（V1）"轨道中，如图 2-41 所示。

（4）将时间标签拖曳到 10:00s 的位置，如图 2-42 所示。选择"剃刀"工具 ，在需要的位置单击，将一个视频素材切割为两个，如图 2-43 所示。

图 2-40

图 2-41

图 2-42   图 2-43

（5）选择"选择"工具▶，选择第 2 段视频素材，如图 2-44 所示。按 Delete 键将其删除，效果如图 2-45 所示。将时间标签放置在 0s 的位置，选择时间轴面板中的"01"文件。在"效果控件"面板中展开"运动"选项，将"缩放"选项设置为 67.0，如图 2-46 所示。在"节目"面板中单击"播放 - 停止切换"按钮▶预览视频效果，如图 2-47 所示。

图 2-44   图 2-45

图 2-46   图 2-47

（6）选择"文件 → 保存"命令，保存文件。选择"文件 → 关闭项目"命令，关闭项目文件。单击操作界面右上角的 ✕ 按钮，退出软件。

项目3

掌握剪辑方法
——影视剪辑

03

本项目将对Premiere Pro CC 2019中影视剪辑的基本操作进行介绍，具体包括剪辑素材、编辑素材、切割素材、创建新元素等。通过对本项目的学习，读者可以掌握影视剪辑的技巧。

学习引导

知识目标
- 了解影视素材的剪辑和编辑方法
- 了解影视素材

能力目标
- 熟练掌握影视剪辑的基础操作方法
- 掌握切割素材的方法
- 掌握其他素材的创建方法

素养目标
- 培养影视剪辑能力

任务分解
- 制作快乐假日宣传片
- 制作璀璨烟火宣传片

任务 3.1   制作快乐假日宣传片

3.1.1   任务引入

本任务要求读者首先了解剪辑和编辑素材的知识；然后通过制作快乐假日宣传片，掌握使用"导入"命令导入视频文件的方法,设置剪辑点的方法、拖曳剪辑素材的方法,以及使用"效果控件"面板调整视频文件位置的方法。最终效果参看云盘中的"Ch03\快乐假日宣传片\效果文件\快乐假日宣传片"文件，如图3-1所示。

微课视频

制作快乐假日
宣传片

图 3-1

3.1.2   任务知识：剪辑和编辑素材

① 剪辑素材

◎ 在监视器面板中剪辑素材

在"节目"面板中改变素材入点和出点的操作如下。

（1）在"节目"面板中双击要设置入点和出点的素材，将其在"源"面板中打开。

（2）在"源"面板中拖曳时间标签或按空格键，找到要使用片段的开始位置。

（3）单击"源"面板下方的"标记入点"按钮■或按 I 键，在"源"面板中显示当前素材的入点画面，面板下方将显示入点标记，如图3-2所示。

（4）播放影片，找到要使用片段的结束位置。单击"源"面板下方"标记出点"按钮■或按 O 键，面板下方将显示出点标记。入点和出点间显示为浅灰色，两点之间的片段即入点与出点间的素材片段，如图3-3所示。

图 3-2   图 3-3

（5）单击"转到入点"按钮 ⬅ 或按 Shift+I 组合键，可以自动跳到影片的入点位置。单击"转到出点"按钮 ➡ 或按 Shift+O 组合键，可以自动跳到影片的出点位置。

为素材的视频和音频部分单独设置入点和出点的操作如下。

（1）在"源"面板中打开要设置入点和出点的素材。

（2）在"源"面板中拖曳时间标签或按空格键，找到要使用的片段的开始位置。选择"标记→标记拆分"命令，打开其子菜单，如图 3-4 所示。

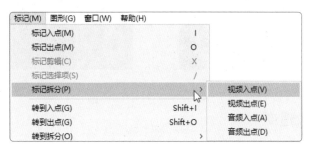

图 3-4

（3）在打开的子菜单中选择"视频入点"和"视频出点"命令，为视频部分设置入点和出点，如图 3-5 所示。播放影片，找到要使用的音频片段的开始和结束位置。选择"音频入点"和"视频出点"命令，为音频部分设置入点和出点，如图 3-6 所示。

图 3-5   图 3-6

◎ 在时间轴面板中剪辑素材

（1）将"项目"面板中要剪辑的素材拖曳到时间轴面板中。

（2）将时间轴面板中的时间标签拖曳到要剪辑的位置，如图 3-7 所示。

（3）将鼠标指针放置在素材的开始位置并单击，显示出编辑点，如图 3-8 所示。

图 3-7   图 3-8

（4）按住鼠标左键不放，向右拖曳鼠标指针到时间线上，如图 3-9 所示。松开鼠标，效果如图 3-10 所示。

图 3-9

图 3-10

（5）将时间轴面板中的时间标签再次拖曳到要剪辑的位置。将鼠标指针放置在素材的结束位置，当鼠标指针呈◀状时单击，显示出编辑点，如图 3-11 所示。按 E 键，将所选编辑点定位到时间线上，如图 3-12 所示。

图 3-11

图 3-12

❷ 改变影片的播放速度

◎ 使用"速度 / 持续时间"命令

在时间轴面板中的某一个文件上单击鼠标右键，在弹出的快捷菜单中选择"速度 / 持续时间"命令，弹出图 3-13 所示的对话框。设置完成后，单击"确定"按钮，完成影片播放速度的更改。

图 3-13

◎ 使用"速度"命令

在时间轴面板中选择需要的素材，如图 3-14 所示。在素材上单击鼠标右键，在弹出的快捷菜单中选择"显示剪辑关键帧→时间重映射→速度"命令，效果如图 3-15 所示。

图 3-14

图 3-15

按住鼠标左键不放，向下拖曳中间的速度水平线，调整影片速度，如图 3-16 所示。松开鼠标，效果如图 3-17 所示。

图 3-16

图 3-17

在按住 Ctrl 键的同时，在速度水平线上单击即可生成关键帧，如图 3-18 所示。用相同的方法添加其他关键帧，效果如图 3-19 所示。

图 3-18

图 3-19

向上拖曳两个关键帧中间的速度水平线，调整影片速度，如图 3-20 所示。拆分第 2 个关键帧，得到渐变的速度，使变速效果更加流畅自然，如图 3-21 所示。

图 3-20

图 3-21

③ 编辑素材

◎ 使用"粘贴插入"命令

（1）在时间轴面板中选择影片素材，选择"编辑 → 复制"命令。

（2）在时间轴面板中将时间标签拖曳到需要粘贴素材的位置，如图 3-22 所示。

（3）选择"编辑 → 粘贴插入"命令，复制的影片被粘贴到当前位置，其后的影片随之后移，如图 3-23 所示。

图 3-22

图 3-23

◎ 使用"粘贴属性"命令

（1）在时间轴面板中选择影片素材，设置"不透明度"选项，并为其添加视频效果，如图 3-24 所示。在时间轴面板中相应的影片素材上单击鼠标右键，在弹出的快捷菜单中选择"复制"命令，如图 3-25 所示。

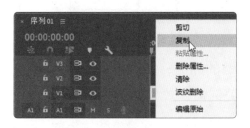

图 3-24　　　　　　　　　图 3-25

（2）用框选的方法选择需要粘贴属性的素材，如图 3-26 所示。在选择的影片素材上单击鼠标右键，在弹出的快捷菜单中选择"粘贴属性"命令，如图 3-27 所示。

图 3-26　　　　　　　　　图 3-27

（3）弹出"粘贴属性"对话框，如图 3-28 所示。通过该对话框可以将视频属性（运动、不透明度、时间重映射、效果）及音频属性（音量、声道音量、声像器、效果）粘贴到选择的素材上，如图 3-29 和图 3-30 所示。

图 3-28　　　　　　图 3-29　　　　　　图 3-30

④ 删除素材

◎ 使用"清除"命令

（1）在时间轴面板中选择一个或多个素材。

（2）按 Delete 键或选择"编辑 → 清除"命令。

◎ 使用"波纹删除"命令

（1）在时间轴面板中选择一个或多个素材。

（2）如果不希望其他轨道上的素材移动，可以锁定该轨道。

（3）在素材上单击鼠标右键，在弹出的快捷菜单中选择"波纹删除"命令。

提示

　　若删除"项目"面板中的素材，则时间轴面板中对应的素材片段也会被删除。

⑤ 设置标记点

（1）将时间轴面板中的时间标签拖曳到需要添加标记的位置，单击面板左上角的"添加标记"按钮，该标记将被添加到时间标签当前停放的位置，如图 3-31 所示。

（2）当时间轴面板左上角的"对齐"按钮处于激活状态时，将一个素材拖曳到轨道标记处，该素材的入点将会自动与标记对齐。

（3）在时间轴面板中的标尺上单击鼠标右键，在弹出的快捷菜单中选择"转到下一个标记"命令，时间标签会自动跳转到下一个标记；选择"转到上一个标记"命令，时间标签会自动跳转到上一个标记，如图 3-32 所示。选择"清除所选的标记"命令，可清除当前选择的标记；选择"清除所有标记"命令，可将时间轴面板中的所有标记清除，如图 3-33 所示。

图 3-31

图 3-32　　　　　图 3-33

3.1.3 任务实施

（1）启动 Premiere Pro CC 2019，选择"文件 → 新建 → 项目"命令，弹出"新建项目"对话框，在其中进行设置，如图 3-34 所示。单击"确定"按钮，新建项目。选择"文件 → 新建 → 序列"命令，弹出"新建序列"对话框，选择"设置"选项卡，其中的设置如图 3-35 所示，单击"确定"按钮，新建序列。

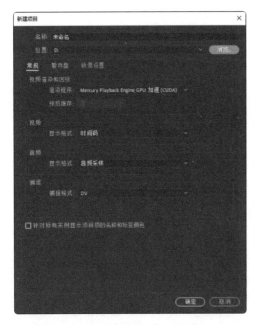

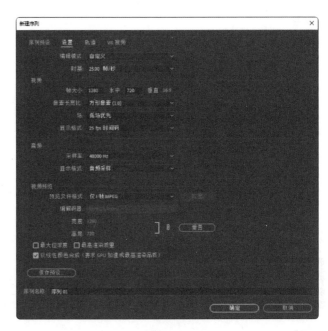

图 3-34　　　　　　　　　　　　　　　图 3-35

（2）选择"文件 → 导入"命令，弹出"导入"对话框，选择本书云盘中的"Ch03\ 快乐假日宣传片 \ 素材 \01 ～ 05"文件，如图 3-36 所示。单击"打开"按钮，将素材导入"项目"面板，如图 3-37 所示。

图 3-36　　　　　　　　　　　　　　　图 3-37

（3）在"项目"面板中，选择"01"文件并将其拖曳到时间轴面板中的"视频 1（V1）"轨道中，弹出"剪辑不匹配警告"对话框。单击"保持现有设置"按钮，在保持现有序列设置的情况下将"01"文件放置到"视频 1（V1）"轨道中，如图 3-38 所示。选择时间轴面板中的"01"文件，在"效果控件"面板中展开"运动"选项，将"缩放"选项设置为 67.0，如图 3-39 所示。

（4）将时间标签拖曳到 01:00s 的位置。在"项目"面板中，选择"02"文件并将其拖曳到时间轴面板中的"视频 2（V2）"轨道中，如图 3-40 所示。将鼠标指针放在"02"文件的结束位置并单击，显示出编辑点，如图 3-41 所示。

图 3-38　　　　　　　　　　　　　　　　图 3-39

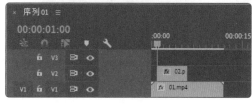
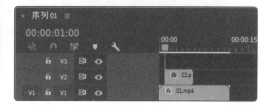

图 3-40　　　　　　　　　　　　　　　　图 3-41

（5）当鼠标指针呈 ◄ 形状时，按住鼠标左键不放，向右拖曳鼠标指针到"01"文件的结束位置，如图 3-42 所示。选择时间轴面板中的"02"文件，在"效果控件"面板中展开"运动"选项，将"位置"选项设置为 243.0 和 587.0、"缩放"选项设置为 50.0，如图 3-43 所示。

图 3-42　　　　　　　　　　　　　　　　图 3-43

（6）将时间标签拖曳到 03:00 的位置。在"项目"面板中选择"03"文件并将其拖曳到时间轴面板中的"视频 3（V3）"轨道中，如图 3-44 所示。将鼠标指针放在"03"文件的结束位置并单击，显示出编辑点，如图 3-45 所示。

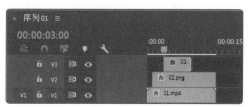

图 3-44　　　　　　　　　　　　　　　　图 3-45

（7）将时间标签拖曳到 12:00 的位置，按 E 键，将所选编辑点定位到时间线上，如

图 3-46 所示。将时间标签拖曳到 03:00 的位置。选择时间轴面板中的"03"文件，在"效果控件"面板中展开"运动"选项，将"位置"选项设置为 509.0 和 589.0、"缩放"选项设置为 50.0，如图 3-47 所示。

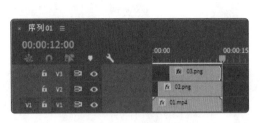

图 3-46　　　　　　　　　　　　　　　　图 3-47

（8）选择"序列 → 添加轨道"命令，在弹出的"添加轨道"对话框中进行设置，如图 3-48 所示。单击"确定"按钮，在时间轴面板中添加两条视频轨道，如图 3-49 所示。

（9）将时间标签拖曳到 05:00 的位置。在"项目"面板中选择"04"文件并将其拖曳到时间轴面板中的"视频 4（V4）"轨道中，如图 3-50 所示。将鼠标指针放在"04"文件的结束位置并单击，显示出编辑点。当鼠标指针呈◀形状时，按住鼠标左键不放，向右拖曳鼠标指针到"03"文件的结束位置，如图 3-51 所示。

图 3-48　　　　　　　　　　　　　　　　图 3-49

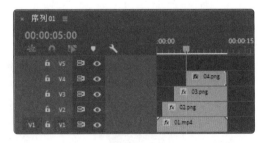

图 3-50　　　　　　　　　　　　　　　　图 3-51

（10）选择时间轴面板中的"04"文件，在"效果控件"面板中展开"运动"选项，将"位置"选项设置为 789.0 和 576.0、"缩放"选项设置为 50.0，如图 3-52 所示。"节目"

面板中的效果如图 3-53 所示。

图 3-52

图 3-53

（11）将时间标签拖曳到 07:13 的位置。在"项目"面板中选择"05"文件并将其拖曳到时间轴面板中的"视频 5（V5）"轨道中，如图 3-54 所示。将鼠标指针放在"05"文件的结束位置并单击，显示出编辑点。当鼠标指针呈◀形状时，按住鼠标左键不放，拖曳鼠标指针到"04"文件的结束位置，如图 3-55 所示。

图 3-54

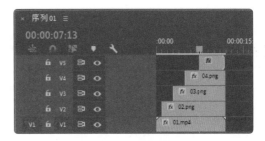
图 3-55

（12）选择时间轴面板中的"05"文件，在"效果控件"面板中展开"运动"选项，将"位置"选项设置为 1054.0 和 573.0、"缩放"选项设置为 50.0，如图 3-56 所示。"节目"面板中的效果如图 3-57 所示。快乐假日宣传片制作完成。

图 3-56

图 3-57

3.1.4　扩展实践：制作秀丽山河宣传片

练习制作秀丽山河宣传片，需要使用"导入"命令导入视频文件，使用入点和出点在"源"

面板中剪辑视频，使用"效果控件"面板编辑视频文件的相关属性。最终效果参看云盘中的"Ch03\秀丽山河宣传片\效果\秀丽山河宣传片"文件，如图3-58所示。

图3-58

任务 3.2　　制作璀璨烟火宣传片

3.2.1　任务引入

本任务要求读者首先了解切割素材和创建新元素的知识；然后通过制作璀璨烟火宣传片，掌握使用"导入"命令导入视频文件的方法，使用"插入"按钮插入视频文件的方法，使用"剃刀"工具切割影片的方法和使用"基本图形"面板添加文本的方法。最终效果参看云盘中的"Ch03\璀璨烟火宣传片\效果\璀璨烟火宣传片"文件，如图3-59所示。

图3-59

3.2.2 任务知识：切割素材和创建新元素

① 切割素材

（1）在时间轴面板中添加要切割的素材。

（2）选择工具面板中的"剃刀"工具 ，将鼠标指针移到需要切割的位置并单击，该素材即被切割为两个素材，每一个素材都有独立的长度、入点与出点，如图 3-60 所示。

（3）如果要将多个轨道上的素材在同一位置进行分割，则按住 Shift 键，显示出多重刀片，单击后，轨道上未被锁定的素材都将在该位置被分割为两个，如图 3-61 所示。

图 3-60

图 3-61

② 插入编辑和覆盖编辑

◎ 插入编辑

（1）在"源"面板中选择要插入时间轴面板中的素材。

（2）在时间轴面板中将时间标签拖曳到需要插入素材的位置，如图 3-62 所示。

（3）单击"源"面板下方的"插入"按钮 ，将选择的素材插入时间轴面板中，插入的新素材会将原有素材会分为两段，原有素材的后半部分将向后推移，接在新素材之后，效果如图 3-63 所示。

图 3-62

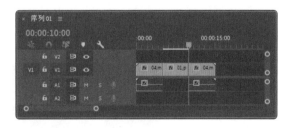
图 3-63

◎ 覆盖编辑

（1）在"源"面板中选择要插入时间轴面板中的素材。

（2）在时间轴面板中将时间标签拖曳到需要插入素材的位置。

（3）单击"源"面板下方的"覆盖"按钮 ，将选择的素材插入时间轴面板中，加入的新素材将覆盖原有素材，如图 3-64 所示。

图 3-64

3 提升编辑和提取编辑

◎ 提升编辑

（1）在"节目"面板中为素材中需要提取的部分设置入点、出点。设置的入点和出点会同时显示在时间轴面板的标尺上，如图 3-65 所示。

（2）单击"节目"面板下方的"提升"按钮，入点和出点之间的素材被删除，删除素材后的区域成为空白区域，如图 3-66 所示。

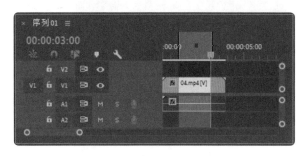

图 3-65

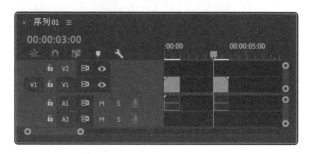

图 3-66

◎ 提取编辑

（1）在"节目"面板中为素材中需要提取的部分设置入点、出点。设置的入点和出点会同时显示在时间轴面板的标尺上。

（2）单击"节目"面板下方的"提取"按钮，入点和出点之间的素材被删除，其后的素材自动前移，以填补空缺，如图 3-67 所示。

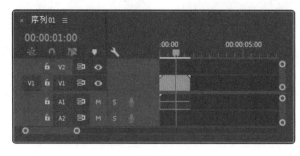

图 3-67

4 通用倒计时片头

通用倒计时片头通常用于影片正式开始前的倒计时，如图 3-68 所示。创建通用倒计时片头的具体操作步骤如下。

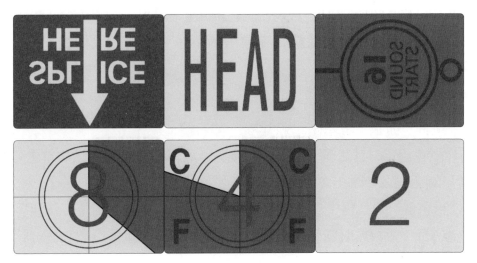

图 3-68

（1）单击"项目"面板下方的"新建项"按钮，在弹出的菜单中选择"通用倒计时片头"命令，弹出"新建通用倒计时片头"对话框，如图3-69所示。在其中设置完成后，单击"确定"按钮，弹出"通用倒计时设置"对话框，如图3-70所示。

（2）单击"确定"按钮，系统自动将该段倒计时片头加入"项目"面板。

（3）在"项目"面板或时间轴面板中双击倒计时片头，可以打开"通用倒计时设置"对话框对其进行修改。

图 3-69

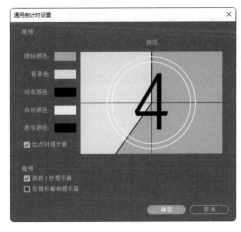

图 3-70

❺ 彩条和黑场

◎ 彩条

在 Premiere Pro CC 2019 中，可以在影片开始前加入一段彩条，用于检验视频通道的传输质量，如图3-71所示。在"项目"面板下方单击"新建项"按钮，在弹出的菜单中选择"彩条"命令，即可创建彩条。

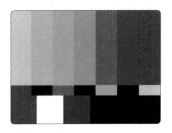

图 3-71

◎ 黑场

在 Premiere Pro CC 2019 中，也可以在影片中创建一段黑场（视频画面全为黑色）。在"项目"面板下方单击"新建项"按钮 ，在弹出的菜单中选择"黑场视频"命令，即可创建黑场。

⑥ 彩色蒙版

（1）在"项目"面板下方单击"新建项"按钮 ，在弹出菜单中选择"颜色遮罩"命令，弹出"新建颜色遮罩"对话框，如图 3-72 所示。在其中进行设置后，单击"确定"按钮，弹出"拾色器"对话框，如图 3-73 所示。

（2）在"拾色器"对话框中选择蒙版要使用的颜色，单击"确定"按钮。

（3）在"项目"面板或时间轴面板中双击彩色蒙版，可以打开"拾色器"对话框对其颜色进行修改。

图 3-72

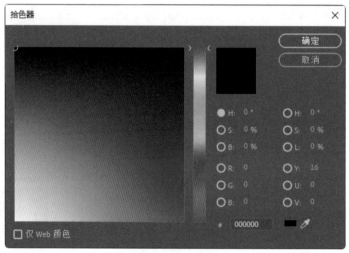

图 3-73

3.2.3 任务实施

（1）启动 Premiere Pro CC 2019，选择"文件 → 新建 → 项目"命令，弹出"新建项目"对话框，在其中进行设置，如图 3-74 所示。单击"确定"按钮，新建项目。选择"文件 → 新建 → 序列"命令，弹出"新建序列"对话框，选择"设置"选项卡，其中的设置如图 3-75 所示。单击"确定"按钮，新建序列。

（2）选择"文件 → 导入"命令，弹出"导入"对话框，选择本书云盘中的"Ch03\ 璀璨烟火宣传片 \ 素材 \01、02"文件，如图 3-76 所示。单击"打开"按钮，将素材导入"项目"面板中，如图 3-77 所示。

（3）在"项目"面板中选择"01"文件并将其拖曳到时间轴面板中的"视频 1（V1）"轨道中，弹出"剪辑不匹配警告"对话框。单击"保持现有设置"按钮，在保持现有序列设置的情况下将"01"文件放置在"视频 1（V1）"轨道中，如图 3-78 所示。选择时间轴面板中的"01"文件，在"效果控件"面板中展开"运动"选项，将"缩放"选项设置为67.0，如图 3-79 所示。

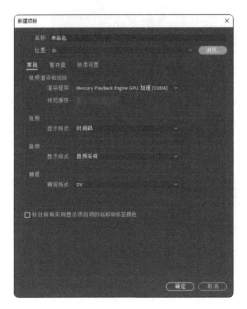
图 3-74

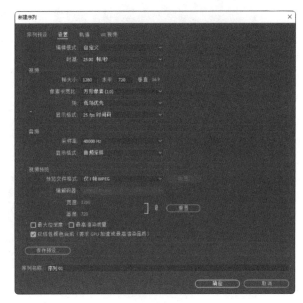
图 3-75

图 3-76

图 3-77

图 3-78

图 3-79

（4）将时间标签拖曳到 10:00 的位置，选择"工具"面板中的"剃刀"工具，在"01"文件上单击以切割影片，如图 3-80 所示。选择"选择"工具，选择切割后位于右侧的素材影片。按 Delete 键，删除该文件，效果如图 3-81 所示。

图 3-80　　　　　　　　　　　　　　　图 3-81

（5）将时间标签拖曳到 03:00 的位置，如图 3-82 所示。在"项目"面板中的"02"文件上单击鼠标右键，在弹出的快捷菜单中选择"插入"命令，在"时间轴"面板中插入"02"文件，如图 3-83 所示。

图 3-82　　　　　　　　　　　　　　　图 3-83

（6）将时间标签拖曳到 08:00 的位置，选择"工具"面板中的"剃刀"工具 ，在"02"文件上单击以切割影片，如图 3-84 所示。选择"选择"工具 ，选择切割后位于右侧的素材影片。按 Delete 键，删除该文件，效果如图 3-85 所示。

图 3-84　　　　　　　　　　　　　　　图 3-85

（7）选择"01"文件，将其拖曳到"02"文件的结束位置，如图 3-86 所示。选择时间轴面板中的"02"文件，在"效果控件"面板中展开"运动"选项，将"缩放"选项设置为67.0，如图 3-87 所示。取消时间轴面板中"02"文件的选择状态。

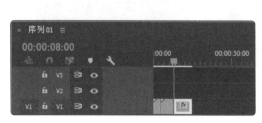

图 3-86　　　　　　　　　　　　　　　图 3-87

（8）将时间标签拖曳到0的位置。在"基本图形"面板中选择"编辑"选项卡，单击"新建图层"按钮█，在弹出的菜单中选择"文本"命令，如图3-88所示。时间轴面板的"视频2（V2）"轨道中将生成"新建文本图层"文件，如图3-89所示。"节目"面板中的效果如图3-90所示。在"节目"面板中修改文字，效果如图3-91所示。

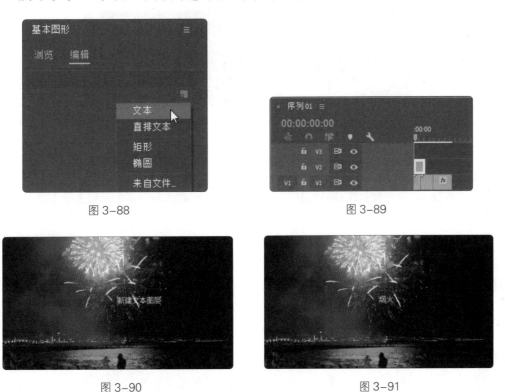

图3-88　　　　　　　　　　图3-89

图3-90　　　　　　　　　　　图3-91

（9）在"基本图形"面板中选择"烟火"文字图层，"基本图形"面板的"对齐并变换"栏中的设置如图3-92所示，"文本"栏中的设置如图3-93所示。"节目"面板中的效果如图3-94所示。璀璨烟火宣传片制作完成。

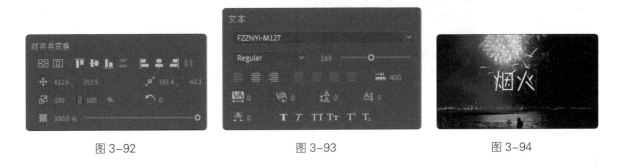

图3-92　　　　　　　　图3-93　　　　　　　　图3-94

3.2.4　扩展实践：制作音乐节目片头

练习制作音乐节目片头，需要使用"导入"命令导入视频文件，使用"通用倒计时片头"命令制作通用倒计时片头。最终效果参看云盘中的"Ch03\音乐节目片头\效果\音乐节目片头"文件，如图3-95所示。

图 3-95

任务 3.3   项目演练——制作篮球公园宣传片

本任务要求读者通过制作篮球公园宣传片，掌握使用"导入"命令导入视频文件的方法，使用"剃刀"工具切割视频素材的方法，使用"插入"按钮插入素材的方法和使用"HD 彩条"命令新建 HD 彩条的方法。最终效果参看云盘中的"Ch03\篮球公园宣传片\效果\篮球公园宣传片"文件，如图 3-96 所示。

图 3-96

项目4

了解过渡技巧
——视频过渡

本项目主要介绍在视频素材或图像素材之间建立丰富多彩的过渡效果的方法。影视剪辑中的镜头过渡效果有着非常实用的价值，它可以使剪辑的画面富有变化，生动多姿。通过对本项目的学习，读者可以掌握视频过渡技巧的应用。

学习引导

知识目标
- 了解如何设置视频过渡效果

能力目标
- 熟练掌握视频过渡效果的设置方法

素养目标
- 培养制作视频过渡效果的创意能力

任务分解
- 制作时尚女孩电子相册
- 制作儿童成长电子相册

任务 4.1　制作时尚女孩电子相册

4.1.1　任务引入

　　本任务要求读者首先了解如何设置过渡效果；然后通过制作时尚女孩电子相册，掌握使用"导入"命令导入素材的方法，使用"立方体旋转"效果、"圆划像"效果、"楔形擦除"效果、"百叶窗"效果、"风车"效果、"插入"效果制作素材之间的过渡的方法，使用"效果控件"面板调整视频文件大小的方法。最终效果参看云盘中的"Ch04\时尚女孩电子相册\效果\时尚女孩电子相册"文件，如图4-1所示。

微课视频

制作时尚女孩电子相册

图 4-1

4.1.2　任务知识：设置过渡效果

❶ 使用镜头过渡

　　一般情况下，过渡被设置在同一轨道的两个相邻素材之间，如图4-2所示。也可以单独为一个素材添加过渡，在这种情况下，素材与其下方的轨道进行过渡，但是下方的轨道只作为背景使用，并不能被过渡所控制，如图4-3所示。

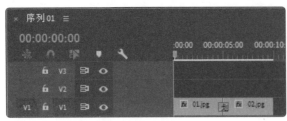

图 4-2　　　　　　　　　　　　　　图 4-3

❷ 设置镜头过渡

　　在两段影片之间加入过渡后，时间轴上会出现一个重叠区域，这个重叠区域就是过渡有效的范围，即过渡块。可以通过"效果控件"面板和时间轴面板对过渡进行设置。

"效果控件"面板如图4-4所示。双击时间轴面板中的过渡块，弹出"设置过渡持续时间"对话框，如图4-5所示，可以在其中设置过渡的持续时间。

提示　　对某些有方向的过渡来说，可以在"效果控件"面板上方的小视窗中单击箭头来改变过渡的方向。

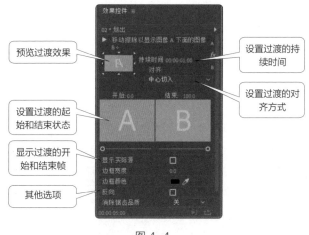

图 4-4

图 4-5

③ 调整镜头过渡

在"效果控件"面板中，将鼠标指针移动到过渡块的中线上，当鼠标指针呈⁂形状时按住鼠标左键不放并拖曳，可以改变影片的持续时间和过渡的影响区域，如图4-6所示。将鼠标指针移动到过渡块上，当鼠标指针呈↔形状时按住鼠标左键不放并拖曳，可以改变过渡的切入位置，如图4-7所示。

图 4-6

图 4-7

在"效果控件"面板中，将鼠标指针移动到过渡块的左侧边缘，当鼠标指针呈▶形状时按住鼠标左键不放并拖曳，可以改变过渡的长度，如图4-8所示。在时间轴面板中，将鼠标指针移动到过渡块的右侧边缘，当鼠标指针呈┫形状时按住鼠标左键不放并拖曳，也可以改变过渡的长度，如图4-9所示。

图 4-8

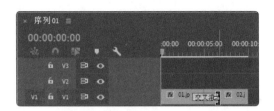

图 4-9

4.1.3　任务实施

（1）启动 Premiere Pro CC 2019，选择"文件 → 新建 → 项目"命令，弹出"新建项目"对话框，在其中进行设置，如图 4-10 所示。单击"确定"按钮，新建项目。选择"文件 → 新建 → 序列"命令，弹出"新建序列"对话框，选择"设置"选项卡，其中的设置如图 4-11 所示。单击"确定"按钮，新建序列。

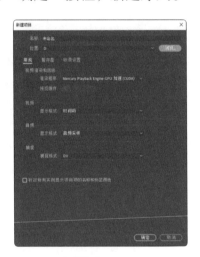

图 4-10

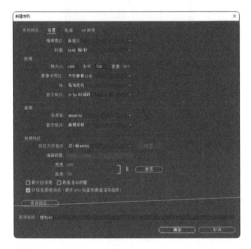

图 4-11

（2）选择"文件 → 导入"命令，弹出"导入"对话框，选择本书云盘中的"Ch04\时尚女孩电子相册 \ 素材 \01 ~ 05"文件，如图 4-12 所示。单击"打开"按钮，将素材导入"项目"面板中，如图 4-13 所示。

图 4-12

图 4-13

（3）在"项目"面板中，选择"01"～"04"文件并将它们拖曳到时间轴面板中的"视频1（V1）"轨道中，弹出"剪辑不匹配警告"对话框。单击"保持现有设置"按钮，在保持现有序列设置的情况下将选择的文件放置在"视频1（V1）"轨道中，如图4-14所示。选择时间轴面板中的"01"文件，在"效果控件"面板中展开"运动"选项，将"缩放"选项设置为67.0，如图4-15所示。用相同的方法调整其他素材的缩放效果。

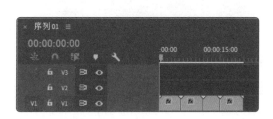

图4-14　　　　　　　　　　　　　　　　　　　图4-15

（4）在"项目"面板中，选择"05"文件并将其拖曳到时间轴面板中的"视频2（V2）"轨道中，如图4-16所示。选择时间轴面板中的"05"文件，在"效果控件"面板中展开"运动"选项，将"缩放"选项设置为130.0，如图4-17所示。

图4-16　　　　　　　　　　　　　　　　　　　图4-17

（5）在"效果"面板中展开"视频过渡"分类选项，单击"3D运动"文件夹左侧的▶按钮将其展开，选择"立方体旋转"效果，如图4-18所示。将"立方体旋转"效果拖曳到时间轴面板中"视频1（V1）"轨道中的"01"文件的开始位置，如图4-19所示。

图4-18　　　　　　　　　　　　　图4-19

（6）在"效果"面板中展开"视频过渡"分类选项，单击"划像"文件夹左侧的▶

按钮将其展开，选择"圆划像"效果，如图4-20所示。将"圆划像"效果拖曳到时间轴面板中"视频1（V1）"轨道中的"01"文件的结束位置与"02"文件的开始位置，如图4-21所示。

图4-20

图4-21

（7）在"效果"面板中展开"视频过渡"分类选项，单击"擦除"文件夹左侧的 按钮将其展开，选择"楔形擦除"效果，如图4-22所示。将"楔形擦除"效果拖曳到时间轴面板中"视频1（V1）"轨道中的"02"文件的结束位置与"03"文件的开始位置，如图4-23所示。

图4-22

图4-23

（8）在"效果"面板中展开"视频过渡"分类选项，单击"擦除"文件夹左侧的 按钮将其展开，选择"百叶窗"效果，如图4-24所示。将"百叶窗"效果拖曳到时间轴面板中"视频1（V1）"轨道中的"03"文件的结束位置与"04"文件的开始位置，如图4-25所示。

图4-24

图4-25

（9）在"效果"面板中展开"视频过渡"分类选项，单击"擦除"文件夹左侧的 按钮将其展开，选择"风车"效果，如图4-26所示。将"风车"效果拖曳到时间轴面板中"视频1（V1）"轨道中的"04"文件的结束位置，如图4-27所示。

图 4-26　　　　　　　　　　　　图 4-27

（10）在"效果"面板中展开"视频过渡"分类选项，单击"擦除"文件夹左侧的▶按钮将其展开，选择"插入"效果，如图 4-28 所示。将"插入"效果拖曳到时间轴面板中"视频 2（V2）"轨道中的"05"文件的开始位置，如图 4-29 所示。时尚女孩电子相册制作完成。

图 4-28　　　　　　　　　　　　图 4-29

4.1.4　扩展实践：制作陶瓷艺术宣传片

练习制作陶瓷艺术宣传片，需要使用"导入"命令导入素材，使用"带状滑动"效果、"交叉划像"效果、"翻页"效果和"VR 渐变擦除"效果和"VR 色度泄漏"效果制作素材之间的过渡效果，使用"效果控件"面板调整过渡效果。最终效果参看云盘中的"Ch04\陶瓷艺术宣传片\效果\陶瓷艺术宣传片"文件，如图 4-30 所示。

微课视频

制作陶瓷艺术
宣传片

图 4-30

任务 4.2　制作儿童成长电子相册

4.2.1　任务引入

本任务要求读者首先了解如何应用过渡效果；然后通过制作儿童成长电子相册，掌握使用"导入"命令导入素材的方法，使用"立方体旋转"效果、"圆划像"效果、"带状滑动"效果和"VR漏光"效果制作素材之间的过渡的方法，使用"效果控件"面板调整过渡效果的方法。最终效果参看云盘中的"Ch04\儿童成长电子相册\儿童成长电子相册"文件，如图4-31所示。

图 4-31

微课视频

制作儿童成长电子相册

4.2.2　任务知识：应用过渡效果

1 3D 运动

"3D运动"文件夹中包含"立方体旋转"和"翻转"两种视频过渡效果，如图4-32所示。它们的应用效果如图4-33所示。

图 4-32

立方体旋转　　　　　　　　　翻转

图 4-33

❷ 划像

"划像"文件夹中包含"交叉划像""圆划像""盒形划像""菱形划像"4种视频过渡效果，如图4-34所示。它们的应用效果如图4-35所示。

图 4-34

交叉划像

圆划像

盒形划像

菱形划像

图 4-35

❸ 擦除

"擦除"文件夹中包含17种视频过渡效果，如图4-36所示。它们的应用效果如图4-37所示。

图 4-36

划出

双侧平推门

图 4-37

带状擦除	径向擦除	插入
时钟式擦除	棋盘	棋盘擦除
楔形擦除	水波块	油漆飞溅
渐变擦除	百叶窗	螺旋框
随机块	随机擦除	风车

图 4-37（续）

4 沉浸式视频

　　"沉浸式视频"文件夹中包含8种视频过渡效果，如图4-38所示。它们的应用效果如图4-39所示。

图 4-38

VR 光圈擦除　　　　　　　　　　　　VR 光线

VR 渐变擦除　　　　　　VR 漏光　　　　　　VR 球形模糊

VR 色度泄漏　　　　　　VR 随机块　　　　　　VR 默比乌斯缩放

图 4-39

⑤ 溶解

"溶解"文件夹中包含 7 种视频过渡效果，如图 4-40 所示。它们的应用效果如图 4-41 所示。

图 4-40

MorphCut　　　　　　　　　　　　　交叉溶解

叠加溶解　　　　　　　白场过渡　　　　　　　胶片溶解

图 4-41

非叠加溶解   黑场过渡

图 4-41（续）

6 滑动

"滑动"文件夹中包含 5 种视频过渡效果，如图 4-42 所示。它们的应用效果如图 4-43 所示。

图 4-42

中心拆分   带状滑动

拆分   推   滑动

图 4-43

7 缩放

"缩放"文件夹中包含 1 种视频过渡效果，即"交叉缩放"，如图 4-44 所示。其应用效果如图 4-45 所示。

图 4-44

交叉缩放

图 4-45

⑧ 页面剥落

图 4-46

"页面剥落"文件夹中包含"翻页""页面剥落"两种视频过渡效果，如图 4-46 所示。它们的应用效果如图 4-47 所示。

翻页

页面剥落

图 4-47

4.2.3　任务实施

（1）启动 Premiere Pro CC 2019，选择"文件 → 新建 → 项目"命令，弹出"新建项目"对话框，在其中进行设置，如图 4-48 所示。单击"确定"按钮，新建项目。选择"文件 → 新建 → 序列"命令，弹出"新建序列"对话框，选择"设置"选项卡，其中的设置如图 4-49 所示。单击"确定"按钮，新建序列。

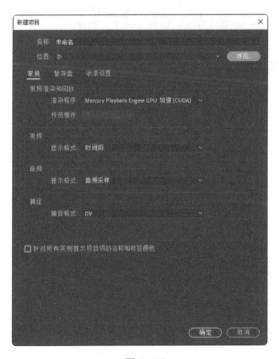
图 4-48

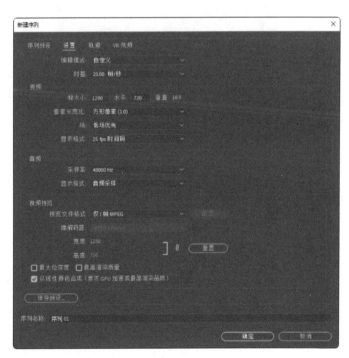
图 4-49

（2）选择"文件 → 导入"命令，弹出"导入"对话框，选择本书云盘中的"Ch04\儿童成长电子相册 \ 素材 \01 ~ 05"文件，如图 4-50 所示。单击"打开"按钮，将素材导入"项目"面板，如图 4-51 所示。

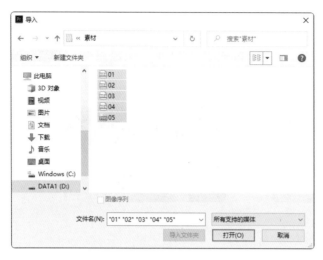

图 4-50　　　　　　　　　　　　　　　　图 4-51

（3）在"项目"面板中选择"01"文件并将其拖曳到时间轴面板中的"视频 1（V1）"轨道中，弹出"剪辑不匹配警告"对话框。单击"保持现有设置"按钮，在保持现有序列设置的情况下将"01"文件放置在"视频 1（V1）"轨道中，如图 4-52 所示。

（4）将时间标签拖曳到 05:00 的位置。将鼠标指针放在"01"文件的结束位置并单击，显示出编辑点。按 E 键，将所选编辑点定位到时间线上，如图 4-53 所示。

图 4-52　　　　　　　　　　　　　　　　图 4-53

（5）在"项目"面板中选择"02"文件并将其拖曳到时间轴面板中的"视频 1（V1）"轨道中，如图 4-54 所示。将时间标签拖曳到 09:14 的位置。将鼠标指针放在"02"文件的结束位置并单击，显示出编辑点。按 E 键，将所选编辑点定位到时间线上，如图 4-55所示。

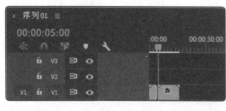

图 4-54　　　　　　　　　　　　　　　　图 4-55

（6）用相同的方法添加"03"和"04"文件到时间轴面板中，并进行剪辑操作，如图 4-56 所示。将时间标签拖曳到 0 的位置。在"效果"面板中展开"视频过渡"分类选项，单击"3D 运动"文件夹左侧的▶按钮将其展开，选择"立方体旋转"效果，如图 4-57 所示。

图 4-56　　　　　　　　　　　　　　图 4-57

（7）将"立方体旋转"效果拖曳到时间轴面板中"02"文件的开始位置，如图 4-58 所示。选择"时间轴"面板中的"立方体旋转"效果，如图 4-59 所示。在"效果控件"面板中，将"持续时间"选项设置为 03:00，将"对齐"选项设置为"中心切入"，如图 4-60 所示。时间轴面板如图 4-61 所示。

图 4-58　　　　　　　　　　　　　　图 4-59

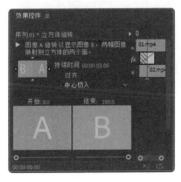

图 4-60　　　　　　　　　　　　　　图 4-61

（8）在"效果"面板中展开"视频过渡"分类选项，单击"划像"文件夹左侧的▷按钮将其展开，选择"圆划像"效果，如图 4-62 所示。将"圆划像"效果拖曳到时间轴面板中"03"文件的开始位置，时间轴面板如图 4-63 所示。

图 4-62　　　　　　　　　　　　　　图 4-63

（9）在"效果"面板中展开"视频过渡"分类选项，单击"擦除"文件夹左侧的▷按钮将其展开，选择"带状擦除"效果，如图 4-64 所示。将"带状擦除"效果拖曳到时间轴面板中"04"文件的开始位置。选择时间轴面板中的"带状擦除"效果。在"效果控件"面板中将"持续时间"设置为 02:00，将"对齐"选项设置为"中心切入"，如图 4-65 所示。

图 4-64

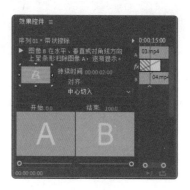

图 4-65

（10）在"效果"面板中展开"视频过渡"分类选项，单击"沉浸式视频"文件夹左侧的 ▶ 按钮将其展开，选择"VR 漏光"效果，如图 4-66 所示。将"VR 漏光"效果拖曳到时间轴面板中"04"文件的结束位置，时间轴面板如图 4-67 所示。

图 4-66

图 4-67

（11）在"项目"面板中选择"05"文件并将其拖曳到时间轴面板的"视频 2（V2）"轨道中，如图 4-68 所示。选择时间轴面板中的"05"文件，在"效果控件"面板中展开"运动"选项，将"位置"选项设置为 1008.0 和 88.0、"缩放"选项设置为 120.0，如图 4-69 所示。儿童成长电子相册制作完成。

图 4-68

图 4-69

4.2.4　扩展实践：制作可爱猫咪电子相册

练习制作可爱猫咪电子相册，需要使用"导入"命令导入素材，使用"带状滑动"效果、"随机块"效果、"翻页"效果和"VR 色度泄漏"效果制作素材之间的过渡效果，使用"效果控件"面板调整过渡效果。最终效果参看云盘中的"Ch04\可爱猫咪电子相册\效果\可爱猫咪电子相册"文件，如图 4-70 所示。

微课视频

制作可爱猫咪电子相册

图 4–70

任务 4.3　项目演练——制作个人旅拍短视频

本任务要求读者通过制作个人旅拍短视频，掌握使用"导入"命令导入素材的方法，使用"菱形划像"效果、"时钟式擦除"效果、"带状滑动"效果制作素材之间的过渡的方法。最终效果参看云盘中的"Ch04\个人旅拍短视频\效果\个人旅拍短视频"文件，如图 4-71所示。

微课视频

制作个人旅拍短视频

图 4–71

项目5

熟悉效果应用

——视频效果

05

本项目主要介绍Premiere Pro CC 2019中的视频效果，这些效果可以应用在视频、图片和文字上。通过对本项目的学习，读者可以了解并掌握多种视频效果的使用方法，并对它们加以综合应用。

学习引导

知识目标

- 了解多种视频效果

能力目标

- 熟练掌握关键帧的应用技巧
- 掌握多种视频效果的应用技巧

素养目标

- 培养对各种视频效果的审美能力

任务分解

- 制作森林美景宣传片
- 制作涂鸦女孩电子相册

任务 5.1　制作森林美景宣传片

5.1.1 任务引入

本任务要求读者首先了解如何应用视频效果和关键帧；然后通过制作森林美景宣传片，掌握使用"导入"命令导入素材的方法，使用"位置""缩放""旋转"选项编辑素材并制作动画的方法，使用"自动色阶"效果、"颜色平衡"效果调整素材颜色的方法。最终效果参看云盘中的"Ch05\ 森林美景宣传片 \ 效果 \ 森林美景宣传片"文件，如图 5-1 所示。

微课视频

制作森林美景宣传片

图 5-1

5.1.2 任务知识：应用视频效果和关键帧

❶ 应用视频效果

为素材添加一个视频效果很简单，只需从"效果"面板中拖曳一个效果到时间轴面板中的素材上即可。如果素材处于选择状态，可以双击"效果"面板中的效果或直接将效果拖曳到该素材的"效果控件"面板中。

❷ 关于关键帧

要想使效果随时间改变，可以使用关键帧。当创建了一个关键帧后，就可以指定效果的某个属性在确切时间点上的值。当为多个关键帧赋予不同的值时，Premiere Pro CC 2019 会自动计算关键帧之间的值，这个处理过程称为"插补"。大多数标准效果都可以在素材的整个时间范围内设置关键帧。对于固定效果，如位置和缩放，可以设置关键帧使素材产生动画效果，也可以移动、复制或删除关键帧或者改变插补的模式。

③ 激活关键帧

要设置动画效果的属性，必须激活对应属性的关键帧。任何支持关键帧的效果属性的左侧都有"切换动画"按钮 ⏱，单击该按钮可插入一个关键帧。插入关键帧（即激活关键帧）后，就可以添加和调整素材需要的属性了，如图 5-2 所示。

图 5-2

5.1.3 任务实施

（1）启动 Premiere Pro CC 2019，选择"文件 → 新建 → 项目"命令，弹出"新建项目"对话框，在其中进行设置，如图 5-3 所示。单击"确定"按钮，新建项目。选择"文件 → 新建 → 序列"命令，弹出"新建序列"对话框，选择"设置"选项卡，其中的设置如图 5-4 所示。单击"确定"按钮，新建序列。

（2）选择"文件 → 导入"命令，弹出"导入"对话框，选择本书云盘中的"Ch05\ 森林美景宣传片 \ 素材 \01、02"文件，如图 5-5 所示。单击"打开"按钮，将素材导入"项目"面板中，如图 5-6 所示。

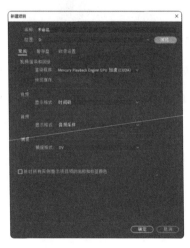

图 5-3

图 5-4

图 5-5

图 5-6

（3）在"项目"面板中选择"01"文件并将其拖曳到时间轴面板的"视频1（V1）"轨道中，弹出"剪辑不匹配警告"对话框。单击"保持现有设置"按钮，在保持现有序列设置的情况下将"01"文件放置在"视频1（V1）"轨道中，如图5-7所示。将时间标签拖曳到00:01的位置。将鼠标指针放置在"01"文件的开始位置并单击，显示出编辑点。按E键，将所选编辑点定位到时间线上，如图5-8所示。

图5-7　　　　　　　　　　　　　　　图5-8

（4）将时间标签拖曳到0的位置。将"01"文件向左拖曳到时间线上，如图5-9所示。将时间标签拖曳到05:00的位置。将鼠标指针放置在"01"文件的结束位置并单击，显示出编辑点。按E键，将所选编辑点定位到时间线上，如图5-10所示。

图5-9　　　　　　　　　　　　　　　图5-10

（5）将时间标签拖曳到0的位置。在时间轴面板中选择"01"文件，在"效果控件"面板中展开"运动"选项，将"缩放"选项设置为67.0，如图5-11所示。在"效果"面板中展开"视频效果"分类选项，单击"过时"文件夹左侧的▶按钮将其展开，选择"自动色阶"效果，如图5-12所示。将"自动色阶"效果拖曳到时间轴面板中"视频1（V1）"轨道中的"01"文件上。

图5-11　　　　　　　　　　　　　　　图5-12

（6）在"效果"面板中展开"视频效果"分类选项，单击"颜色校正"文件夹左侧

的 ▶ 按钮将其展开，选择"颜色平衡"效果，如图5-13所示。将"颜色平衡"效果拖曳到时间轴面板中"视频1（V1）"轨道中的"01"文件上。在"效果控件"面板中展开"颜色平衡"选项，将"阴影绿色平衡"选项设置为18.0，如图5-14所示。

图5-13   图5-14

（7）将时间标签拖曳到00:10的位置。在"项目"面板中选择"02"文件并将其拖曳到时间轴面板的"视频2（V2）"轨道中，如图5-15所示。将鼠标指针放置在"02"文件的结束位置并单击，显示出编辑点。当鼠标指针呈 ◀ 形状时将鼠标指针拖曳到"01"文件的结束位置，如图5-16所示。

图5-15   图5-16

（8）在"效果"面板中展开"视频效果"分类选项，单击"颜色校正"文件夹左侧的 ▶ 按钮将其展开，选择"颜色平衡"效果，如图5-17所示。将"颜色平衡"效果拖曳到时间轴面板中"视频1（V1）"轨道中的"02"文件上。在"效果控件"面板中展开"颜色平衡"选项，将"阴影红色平衡"选项设置为58.0、"阴影绿色平衡"选项设置为 –24.0，如图5-18所示。

图5-17   图5-18

（9）在"效果控件"面板中展开"运动"选项，将"位置"选项设置为770.5和 –39.3、"缩放"选项设置为38.0、"旋转"选项设置为51.0°。单击"位置"和"旋转"选项左侧的"切换动画"按钮🕙，如图5-19所示，记录第1个动画关键帧。将时间标签拖曳到01:10的位置。将"位置"选项设置为649.6和78.7，如图5-20所示，记录第2个动画关键帧。

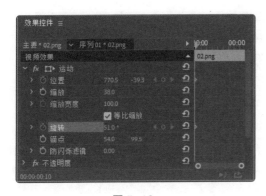

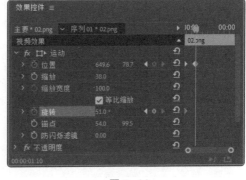

图5-19　　　　　　　　　　　　　　　　　　图5-20

（10）将时间标签拖曳到02:10的位置。将"位置"选项设置为791.8和220.8、"旋转"选项设置为-51.0°，如图5-21所示，记录第3个动画关键帧。将时间标签拖曳到03:07的位置。将"位置"选项设置为630.0和407.0，如图5-22所示，记录第4个动画关键帧。

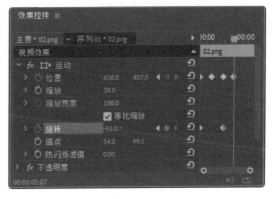

图5-21　　　　　　　　　　　　　　　　　　图5-22

（11）将时间标签拖曳到04:05的位置。将"位置"选项设置为818.3和595.2、"旋转"选项设置为90.0°，如图5-23所示，记录第5个动画关键帧。将时间标签拖曳到04:23的位置。将"位置"选项设置为688.5和749.7，如图5-24所示，记录第6个动画关键帧。

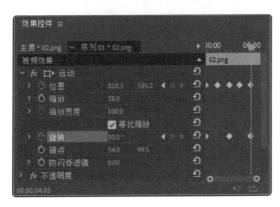

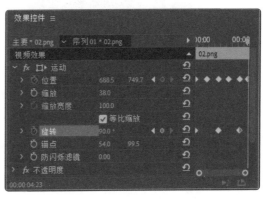

图5-23　　　　　　　　　　　　　　　　　　图5-24

（12）在"效果控件"面板中用框选的方法选择"位置"选项的关键帧，如图5-25所示。在关键帧上单击鼠标右键，在弹出的快键菜单中选择"临时插值→自动贝塞尔曲线"命令，调整关键帧，如图5-26所示。

图5-25　　　　　　　　　　　　　图5-26

（13）将时间标签拖曳到00:21的位置。在"项目"面板中选择"02"文件并将其拖曳到时间轴面板中的"视频3（V3）"轨道中，如图5-27所示。将鼠标指针放置在"02"文件的结束位置并单击，显示出编辑点。当鼠标指针呈 形状时将鼠标指针拖曳到"01"文件的结束位置，如图5-28所示。

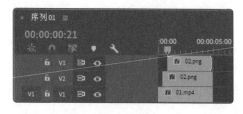

图5-27　　　　　　　　　　　　　图5-28

（14）在时间轴面板中选择"视频2（V2）"轨道中的"02"文件。在"效果控件"面板中选择"颜色平衡"效果，如图5-29所示。按Ctrl+C组合键，复制效果。在时间轴面板中选择"视频3（V3）"轨道中的"02"文件，在"效果控件"面板中按Ctrl+V组合键粘贴效果，如图5-30所示。

图5-29　　　　　　　　　　　　　图5-30

（15）在"效果控件"面板中展开"运动"选项，将"位置"选项设置为392.1和-49.9、"缩放"选项设置为23.0、"旋转"选项设置为58.8°。单击"位置"和"旋转"选项左侧的"切换动画"按钮 ，如图5-31所示，记录第1个动画关键帧。将时间标签拖曳到01:21的位置。

将"位置"选项设置为478.6和51.8，如图5-32所示，记录第2个动画关键帧。

图5-31　　　　　　　　　　　　　　　　图5-32

（16）将时间标签拖曳到02:21的位置。将"位置"选项设置为367.1和199.7、"旋转"选项设置为-58.8°，如图5-33所示，记录第3个动画关键帧。将时间标签拖曳到03:18的位置。将"位置"选项设置为524.7和351.4，如图5-34所示，记录第4个动画关键帧。

图5-33　　　　　　　　　　　　　　　　图5-34

（17）将时间标签拖曳到04:16的位置。将"位置"选项设置为401.7和737.3、"旋转"选项设置为180.0°，如图5-35所示，记录第5个动画关键帧。用框选的方法选择"位置"选项的关键帧。在关键帧上单击鼠标右键，在弹出的快捷菜单中选择"临时插值 → 自动贝塞尔曲线"命令，调整关键帧，如图5-36所示。森林美景宣传片制作完成。

图5-35　　　　　　　　　　　　　　　　图5-36

5.1.4　扩展实践：制作野外风景宣传片

练习制作野外风景宣传片，需要使用"导入"命令导入素材，使用"Lumetri"效果调整素材的颜色，使用"基本图形"面板制作彩色矩形，使用"效果控件"面板调整素材的不透明度和混合模式，并制作位置动画。最终效果参看云盘中的"Ch05\野外风景宣传片\效果\野外风景宣传片"文件，如图 5-37 所示。

图 5-37

微课视频

制作野外风景宣传片

任务 5.2　制作涂鸦女孩电子相册

5.2.1　任务引入

本任务要求读者首先了解如何应用视频效果；然后通过制作涂鸦女孩电子相册，掌握使用"导入"命令导入素材的方法，使用"效果控件"面板中的"缩放"选项调整素材大小的方法，使用"高斯模糊"效果、"方向模糊"效果制作模糊效果的方法和使用"效果控件"面板制作动画的方法。最终效果参看云盘中的"Ch05\涂鸦女孩电子相册\效果\涂鸦女孩电子相册"文件，如图 5-38 所示。

图 5-38

微课视频

制作涂鸦女孩电子相册

图 5-38（续）

5.2.2 任务知识：应用视频效果

1 变换效果

变换效果主要通过对影像进行变换来制作出各种画面效果。"变换"文件夹中包含4种效果，如图5-39所示。它们的应用效果如图5-40所示。

图 5-39

原图

垂直翻转

水平翻转

羽化边缘

裁剪

图 5-40

2 实用程序效果

实用程序文件夹中只包含"Cineon 转换器"一种效果，该效果主要通过 Cineon 转换器对影像色调进行调整和设置，如图 5-41 所示。其应用效果如图 5-42 所示。

图 5-41

原图

Cineon 转换器

图 5-42

3 扭曲效果

扭曲效果主要通过对图像进行几何扭曲变形来制作出各种画面变形效果。"扭曲"文件夹中包含 12 种效果，如图 5-43 所示。它们的应用效果如图 5-44 所示。

图 5-43

　　　原图　　　　　　　　　　　　　　偏移

　变形稳定器　　　　　　　　变换　　　　　　　　　放大

　旋转扭曲　　　　　　　果冻效应修复　　　　　　　波形变形

　湍流置换　　　　　　　　球面化　　　　　　　　边角定位

　　　镜像　　　　　　　　　　　　　镜头扭曲

图 5-44

4 时间效果

时间效果用于对素材的时间特性进行控制。"时间"文件夹中包含4种效果，如图 5-45 所示。它们的应用效果如图 5-46 所示。

图 5-45

原图   像素运动模糊

时间扭曲   残影   色调分离时间

图 5-46

5 杂色与颗粒效果

杂色与颗粒效果主要用于去除素材画面中的擦痕及噪点。"杂色与颗粒"文件夹中包含 6 种效果，如图 5-47 所示。它们的应用效果如图 5-48 所示。

图 5-47

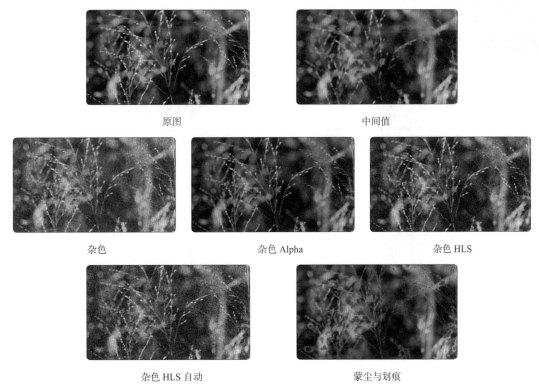

原图   中间值

杂色   杂色 Alpha   杂色 HLS

杂色 HLS 自动   蒙尘与划痕

图 5-48

6 模糊与锐化效果

模糊与锐化效果主要用于对镜头画面进行锐化或模糊处理。"模糊与锐化"文件夹中包含 8 种效果，如图 5-49 所示。它们的应用效果如图 5-50 所示。

图 5-49

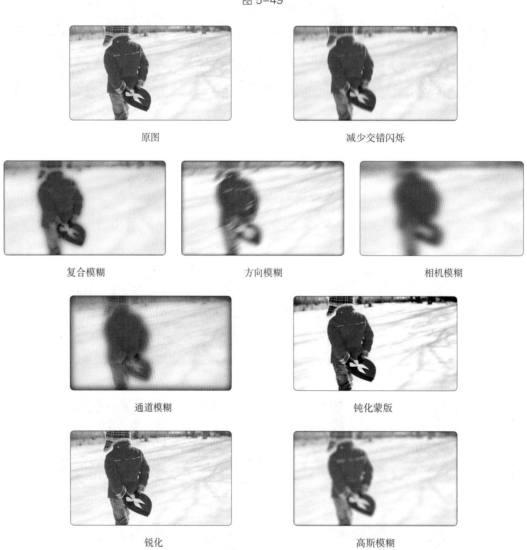

图 5-50

7 沉浸式视频效果

沉浸式视频效果主要通过虚拟现实技术来实现虚拟现实效果。"沉浸式视频"文件夹中包含 11 种效果，如图 5-51 所示。它们的应用效果如图 5-52 所示。

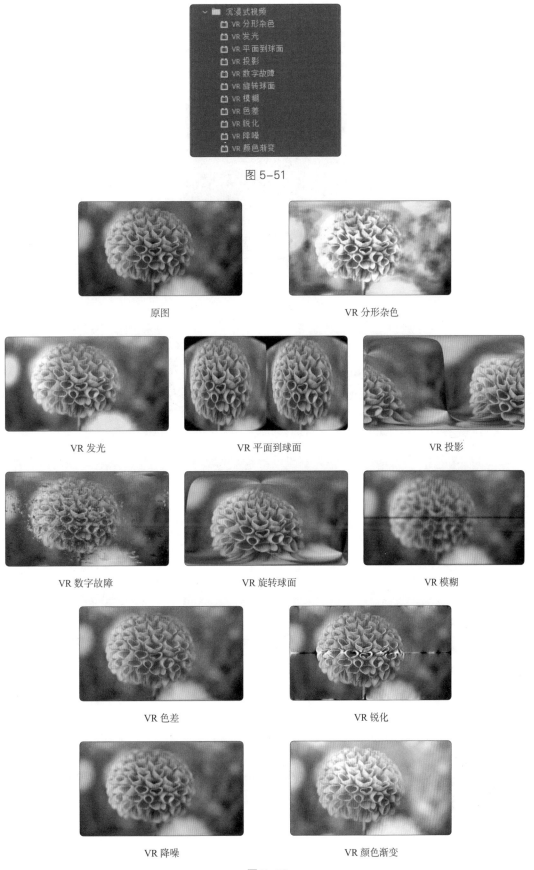

图 5-51

原图　　　　　　　　　　　　VR 分形杂色

VR 发光　　　VR 平面到球面　　　VR 投影

VR 数字故障　　　VR 旋转球面　　　VR 模糊

VR 色差　　　　　　　　　　VR 锐化

VR 降噪　　　　　　　　　　VR 颜色渐变

图 5-52

8 **生成效果**

生成效果主要用于生成一些特定效果。"生成"文件夹中包含12种效果，如图5-53所示。它们的应用效果如图5-54所示。

图5-53

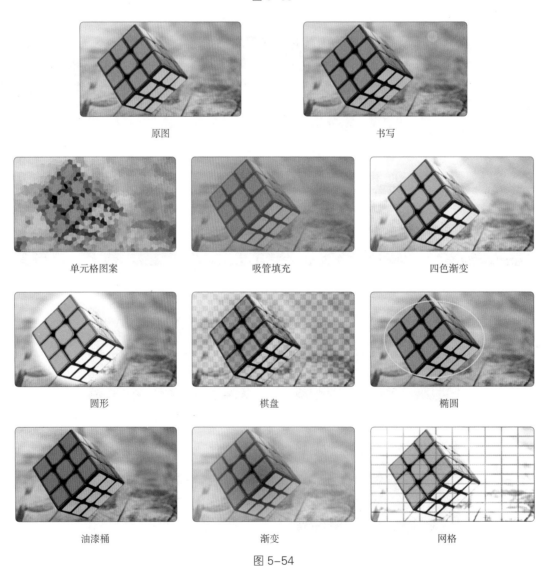

图5-54

镜头光晕 闪电

图 5-54（续）

⑨ 视频效果

视频效果用于对素材的视频特性进行控制。"视频"文件夹中包含 4 种效果，如图 5-55 所示。它们的应用效果如图 5-56 所示。

图 5-55

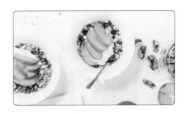

原图 SDR 遵从情况

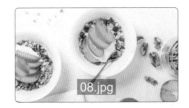

剪辑名称 时间码 简单文本

图 5-56

⑩ 过渡效果

过渡效果主要用于在两个素材之间进行过渡。"过渡"文件夹中包含 5 种效果，如图 5-57 所示。它们的应用效果如图 5-58 所示。

图 5-57

原图 块溶解

径向擦除 渐变擦除

图 5-58

百叶窗

线性擦除

图 5-58（续）

11 透视效果

透视效果主要用于制作三维透视效果，使素材画面产生立体感或空间感。"透视"文件夹中包含 5 种效果，如图 5-59 所示。它们的应用效果如图 5-60 所示。

图 5-59

原图

基本 3D

径向阴影

投影

斜面 Alpha

边缘斜面

图 5-60

12 通道效果

通道效果主要用于对素材的通道进行处理，实现图像颜色、色调、饱和度和亮度等属性的改变。"通道"文件夹中包含 7 种效果，如图 5-61 所示。它们的应用效果如图 5-62 所示。

图 5-61

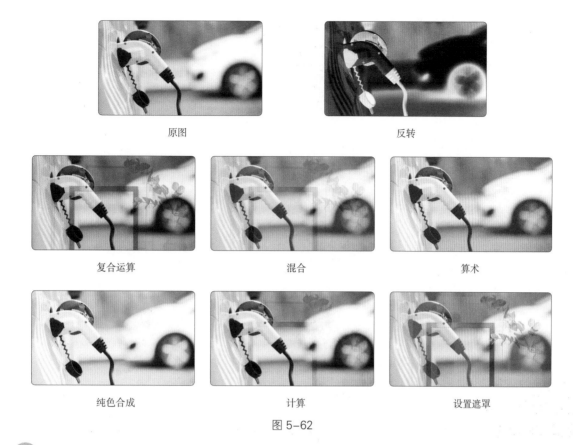

图 5-62

13 风格化效果

　　风格化效果主要用于模拟一些美术风格的效果，可以实现丰富的画面。"风格化"文件夹中包含 13 种效果，如图 5-63 所示。它们的应用效果如图 5-64 所示。

图 5-63

图 5-64

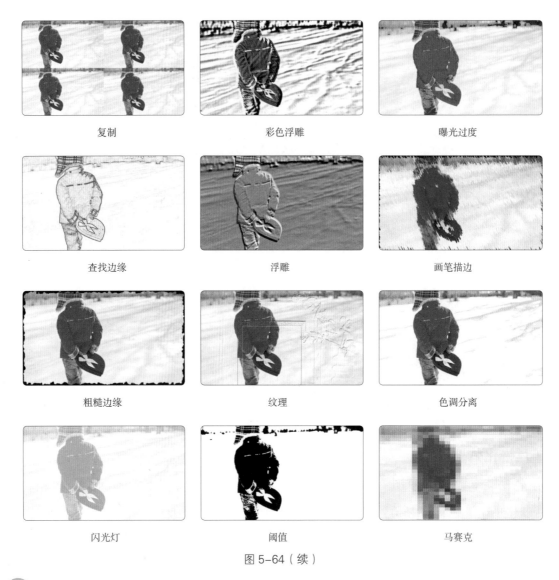

复制	彩色浮雕	曝光过度
查找边缘	浮雕	画笔描边
粗糙边缘	纹理	色调分离
闪光灯	阈值	马赛克

图 5-64（续）

14 预设效果

◎ 模糊效果

预设效果中的模糊效果主要通过对影片素材的入点或出点使用预设的效果，制作出画面的快速模糊效果。"模糊"文件夹中包含两种效果，如图 5-65 所示。它们的应用效果如图 5-66 所示。

图 5-65

快速模糊入点

图 5-66

快速模糊出点

图5-66（续）

◎ 画中画效果

预设效果中的画中画效果主要通过对影片素材使用预设的效果，制作出画面的位置改变和按比例缩放效果。"画中画"文件夹中包含38种效果，图5-67所示为部分效果名称。其中的"画中画25%LL按比例放大至完全"和"画中画25%UR旋转入点"的应用效果如图5-68所示。

图5-67

画中画25%LL按比例放大至完全

画中画25%UR旋转入点

图5-68

◎ 马赛克效果

预设效果中的马赛克效果主要通过对影片素材的入点或出点使用预设的效果，制作出画面的马赛克效果。"马赛克"文件夹中包含两种效果，如图5-69所示。它们的应用效果如图5-70所示。

图5-69

马赛克入点

马赛克出点

图 5-70

◎ 扭曲效果

　　预设效果中的扭曲效果主要通过对影片素材的入点或出点使用预设的效果，制作出画面的扭曲效果。"扭曲"文件夹中包含两种效果，如图 5-71 所示。它们的应用效果如图 5-72 所示。

图 5-71

扭曲入点

扭曲出点

图 5-72

◎ 卷积内核效果

　　预设效果中的卷积内核效果主要通过运算来改变影片素材中每个像素的颜色和亮度值，从而改变图像的质感。"卷积内核"文件夹中包含 10 种效果，如图 5-73 所示。其中部分效果的应用如图 5-74所示。

图 5-73

原图

卷积内核锐化

卷积内核锐化边缘

卷积内核模糊

卷积内核浮雕

卷积内核灯光浮雕

卷积内核查找边缘

图 5-74

◎ 去除镜头扭曲效果

预设效果中的去除镜头扭曲效果主要用于去除影片素材中预设的镜头扭曲。"去除镜头扭曲"文件夹中包含 62 种效果,图 5-75 所示为部分效果名称。其中部分效果的应用如图 5-76 所示。

图 5-75

原图

图 5-76

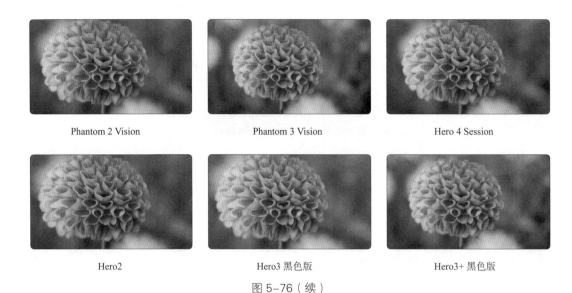

Phantom 2 Vision   Phantom 3 Vision   Hero 4 Session

Hero2   Hero3 黑色版   Hero3+ 黑色版

图 5-76（续）

◎ 斜角边效果

预设效果中的斜角边效果主要通过对影片素材使用预设的效果，制作出画面的斜角边效果。"斜角边"文件夹中包含两种效果，如图 5-77所示。它们的应用效果如图 5-78 所示。

图 5-77

原图

厚斜角边   薄斜角边

图 5-78

◎ 过度曝光效果

预设效果中的过度曝光效果主要通过对影片素材使用预设的效果，制作出画面的过度曝光效果。"过度曝光"文件夹中包含两种效果，如图 5-79 所示。它们的应用效果如图 5-80 所示。

图 5-79

过度曝光入点

图 5-80

过度曝光出点

图 5-80（续）

5.2.3　任务实施

（1）启动 Premiere Pro CC 2019，选择"文件 → 新建 → 项目"命令，弹出"新建项目"对话框，在其中进行设置，如图 5-81 所示。单击"确定"按钮，新建项目。选择"文件 → 新建 → 序列"命令，弹出"新建序列"对话框，选择"设置"选项卡，其中的设置如图 5-82 所示。单击"确定"按钮，新建序列。

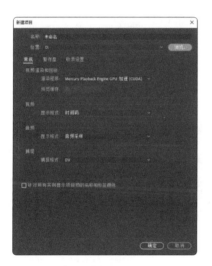

图 5-81

图 5-82

（2）选择"文件 → 导入"命令，弹出"导入"对话框，选择本书云盘中的"Ch05\ 涂鸦女孩电子相册 \ 素材 \01 ～ 03"文件，如图 5-83 所示。单击"打开"按钮，将素材导入"项目"面板中，如图 5-84 所示。

图 5-83

图 5-84

（3）在"项目"面板中选择"01"和"02"文件，将它们拖曳到时间轴面板中的"视频1（V1）"轨道中，弹出"剪辑不匹配警告"对话框。单击"保持现有设置"按钮，在保持现有序列设置的情况下将选择的文件放置在"视频1（V1）"轨道中，如图5-85所示。选择"时间轴"面板中的"01"文件。在"效果控件"面板中展开"运动"选项，将"缩放"选项设置为67.0，如图5-86所示。用相同的方法调整"02"文件的缩放效果。

图5-85　　　　　　　　　　　　图5-86

（4）将时间标签拖曳到13:14的位置，在"项目"面板中选择"03"文件并将其拖曳到时间轴面板中的"视频2（V2）"轨道中，如图5-87所示。将鼠标指针放在"03"文件的结束位置并单击，显示出编辑点。当鼠标指针呈◀形状时，按住鼠标左键不放，向右拖曳鼠标指针到"02"文件的结束位置，如图5-88所示。

图5-87　　　　　　　　　　　　图5-88

（5）在"效果"面板中展开"视频效果"分类选项，单击"模糊与锐化"文件夹左侧的▶按钮将其展开，选择"高斯模糊"效果，如图5-89所示。将"高斯模糊"效果拖曳到时间轴面板中"视频1（V1）"轨道中的"01"文件上，如图5-90所示。

图5-89　　　　　　　　　　　　图5-90

（6）选择时间轴面板中的"01"文件。将时间标签拖曳到0的位置。在"效果控件"面板中展开"高斯模糊"选项，将"模糊度"选项设置为200.0。单击"模糊度"选项左侧的"切换动画"按钮 ○，如图5-91所示，记录第1个动画关键帧。将时间标签拖曳到01:15的位置，将"模糊度"选项设置为0，如图5-92所示，记录第2个动画关键帧。

图 5-91　　　　　　　　　　　图 5-92

（7）在"效果"面板中展开"视频效果"分类选项，单击"模糊与锐化"文件夹左侧的 ▶ 按钮将其展开，选择"方向模糊"效果，如图5-93所示。将"方向模糊"效果拖曳到时间轴面板中"视频1（V1）"轨道中的"02"文件上，如图5-94所示。

图 5-93　　　　　　　　　　　图 5-94

（8）选择时间轴面板中的"02"文件。将时间标签拖曳到07:16的位置。在"效果控件"面板中展开"方向模糊"选项，将"方向"选项设置为0°、"模糊长度"选项设置为200.0。单击"方向"和"模糊长度"选项左侧的"切换动画"按钮 ○，如图5-95所示，记录第1个动画关键帧。将时间标签拖曳到09:20的位置。将"方向"选项设置为30.0°、"模糊长度"选项设置为0，如图5-96所示，记录第2个动画关键帧。

图 5-95　　　　　　　　　　　图 5-96

（9）将时间标签拖曳到 13:14 的位置。选择时间轴面板中的"03"文件，如图 5-97 所示。在"效果控件"面板中展开"运动"选项，将"缩放"选项设置为 140.0，如图 5-98 所示。

图 5-97　　　　　　　　　　图 5-98

（10）在"效果控件"面板中展开"不透明度"选项，将"不透明度"选项设置为 0.0%。单击"不透明度"选项左侧的"切换动画"按钮，如图 5-99 所示，记录第 1 个动画关键帧。将时间标签拖曳到 15:00 的位置。将"不透明度"选项设置为 100.0%，如图 5-100 所示，记录第 2 个动画关键帧。涂鸦女孩电子相册制作完成。

图 5-99　　　　　　　　　　图 5-100

5.2.4 扩展实践：制作忙碌机场宣传片

练习制作飞机起飞宣传片，需要使用"杂色"效果为素材添加杂色，使用"旋转扭曲"效果制作素材的扭曲效果。最终效果参看云盘中的"Ch05\忙碌机场宣传片\效果\飞机起飞宣传片"文件，如图 5-101 所示。

微课视频

制作忙碌机场宣传片

图 5-101

任务 5.3 项目演练——制作峡谷风光宣传片

本任务要求读者通过制作峡谷风光宣传片，掌握使用"缩放"选项改变图像大小的方法，使用"镜像"命令制作镜像图像的方法，使用"裁剪"命令剪切图像的方法，使用"不透明度"选项改变图像不透明度的方法，使用"照明效果"效果改变图像亮度的方法。最终效果参看云盘中的"Ch05\峡谷风光宣传片\效果\峡谷风光宣传片"文件，如图 5-102 所示。

微课视频

制作峡谷风光宣传片

图 5-102

项目6

掌握特殊技巧
——调色与键控

06

本项目主要介绍Premiere Pro CC 2019中调色与键控效果的设置方法。调色和键控技术属于影视剪辑中较高级的应用技术，可以优化画面的合成效果。通过对本项目的学习，读者可以掌握Premiere Pro CC 2019中的调色和键控技术。

学习引导

知识目标
- 了解调色效果
- 了解键控效果

能力目标
- 熟练掌握调色效果的应用方法
- 熟悉键控技术的应用方法

素养目标
- 培养对视频色彩的把控能力

任务分解
- 制作活力青春宣传片
- 制作体育运动宣传片

任务 6.1 制作活力青春宣传片

6.1.1 任务引入

本任务要求读者首先了解如何应用调色效果；然后通过制作活力青春宣传片，掌握使用"ProcAmp"效果调整素材饱和度的方法和使用"光照效果"选项添加光照效果的方法。最终效果参看云盘中的"Ch06\ 活力青春宣传片 \ 效果 \ 活力青春宣传片"文件，如图 6-1 所示。

微课视频

制作活力青春宣传片

图 6-1

6.1.2 任务知识：应用调色效果

① 图像控制效果

图像控制效果主要用于处理素材画面的色彩。它广泛应用于视频编辑中，可以处理一些前期拍摄中遗留下的缺陷，或使素材达到某种预想的效果。"图像控制"文件夹中的效果比较重要，其中包含 5 种效果，如图 6-2 所示。它们的应用效果如图 6-3 所示。

图 6-2

原图

灰度系数校正

图 6-3

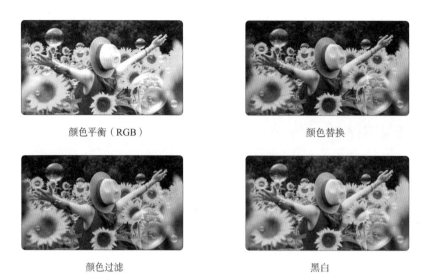

颜色平衡（RGB）　　　　　　　　　　　　颜色替换

颜色过滤　　　　　　　　　　　　　　黑白

图 6-3（续）

2 调整效果

调整效果主要用于调整素材画面的明暗度，并添加光照效果。"调整"文件夹中包含 5
种效果，如图 6-4 所示。它们的应用效果如图 6-5 所示。

> ∨ ■ 调整
> 　🗋 ProcAmp
> 　🗋 光照效果
> 　🗋 卷积内核
> 　🗋 提取
> 　🗋 色阶

图 6-4

原图　　　　　　　　　　　　　　　　ProcAmp

光照效果　　　　　　　　　　　　　　卷积内核

提取　　　　　　　　　　　　　　　　色阶

图 6-5

3 过时效果

过时效果主要用于对素材画面进行颜色分级与校正。"过时"文件夹中包含12种效果，如图6-6所示。它们的应用效果如图6-7所示。

图6-6

原图

RGB曲线

RGB颜色校正器

三向颜色校正器

亮度曲线

亮度校正器

快速模糊

快速颜色校正器

自动对比度

自动色阶

自动颜色

图6-7

视频限幅器（旧版）　　　　　　　　　阴影／高光

图 6-7（续）

❹ 颜色校正效果

颜色校正效果主要用于对素材画面进行颜色校正。"颜色校正"文件夹中包含 12 种效果，如图 6-8 所示。它们的应用效果如图 6-9 所示。

图 6-8

原图　　　　　　　　　　　　　　ASC CDL

Lumetri 颜色　　　　　亮度与对比度　　　　　保留颜色

均衡　　　　　　　　更改为颜色　　　　　　更改颜色

图 6-9

色调

视频限制器

通道混合器

颜色平衡

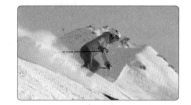
颜色平衡（HLS）

图 6-9（续）

5 Lumetri 预设效果

Lumetri 预设效果主要通过对素材使用预设的效果来实现颜色调整。"Lumetri 预设"文件夹中包含以下 5 个文件夹。

◎ Filmstocks

图 6-10

"Filmstocks"文件夹中包含 5 种视频效果，如图 6-10 所示。它们的应用效果如图 6-11 所示。

原图

Fuji Eterna 250D Fuji 3510（由 Adobe 提供）

Fuji Eterna 250d Kodak 2395（由 Adobe 提供）

Fuji F125 Kodak 2393（由 Adobe 提供）

Fuji F125 Kodak 2395（由 Adobe 提供）

Fuji Reala 500D Kodak 2393（由 Adobe 提供）

图 6-11

◎ 影片

"影片"文件夹中包含 7 种视频效果，如图 6-12 所示。它们的应用效果如图 6-13 所示。

图 6-12

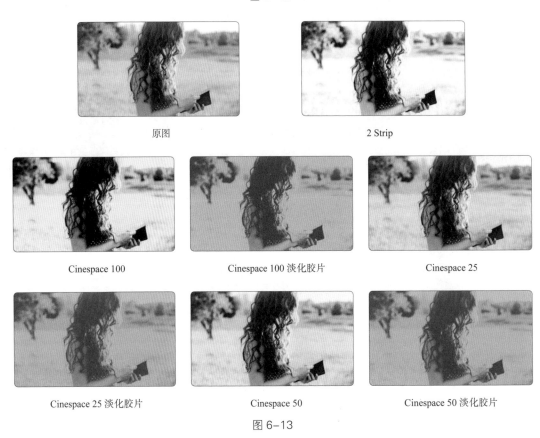

原图　　　　　　　　　　　2 Strip

Cinespace 100　　　Cinespace 100 淡化胶片　　　Cinespace 25

Cinespace 25 淡化胶片　　　Cinespace 50　　　Cinespace 50 淡化胶片

图 6-13

◎ SpeedLooks

"SpeedLooks"文件夹中还包含不同的子文件夹，其中共包含 275 种视频效果，如图 6-14 所示。部分效果的应用如图 6-15 所示。

图 6-14

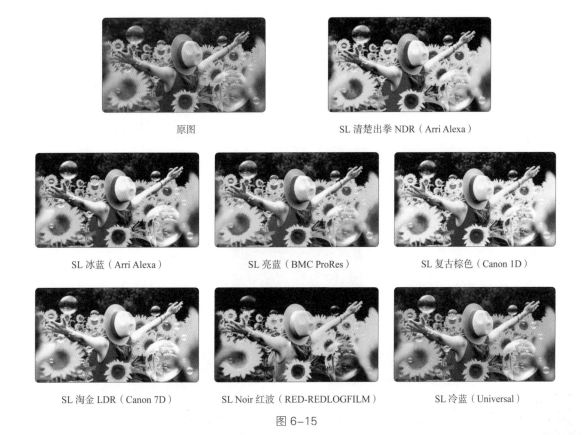

图 6-15

◎ 单色

"单色"文件夹中包含 7 种视频效果,如图 6-16 所示。它们的应用效果如图 6-17 所示。

图 6-16

原图

黑白强淡化

黑白正常对比度

黑白打孔

黑白淡化

图 6-17

黑白淡化胶片 100   黑白淡化胶片 150   黑白淡化胶片 50

图 6-17（续）

◎ 技术

"技术"文件夹中包含 6 种视频效果，如图 6-18 所示。它们的应用效果如图 6-19 所示。

图 6-18

原图   合法范围转换为完整范围（10 位）

合法范围转换为完整范围（12 位）   合法范围转换为完整范围（8 位）   完整范围转换为合法范围（10 位）

完整范围转换为合法范围（12 位）   完整范围转换为合法范围（8 位）

图 6-19

6.1.3 任务实施

（1）启动 Premiere Pro CC 2019，选择"文件 → 新建 → 项目"命令，弹出"新建项目"对话框，在其中进行设置，如图 6-20 所示。单击"确定"按钮，新建项目。选择"文件 →新建 → 序列"命令，弹出"新建序列"对话框，选择"设置"选项卡，其中的设置如图 6-21

所示。单击"确定"按钮，新建序列。

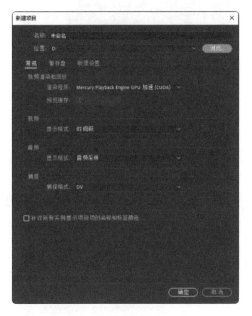

图 6-20

图 6-21

（2）选择"文件 → 导入"命令，弹出"导入"对话框，选择本书云盘中的"Ch06\ 活力青春宣传片 \ 素材 \01"文件，如图 6-22 所示。单击"打开"按钮，将素材导入"项目"面板中，如图 6-23 所示。

图 6-22

图 6-23

（3）在"项目"面板中选择"01"文件并将其拖曳到时间轴面板中的"视频 1（V1）"轨道中，弹出"剪辑不匹配警告"对话框。单击"保持现有设置"按钮，在保持现有序列设置的情况下将"01"文件放置在"视频 1（V1）"轨道中，如图 6-24 所示。选择时间轴面板中的"01"文件。在"效果控件"面板中展开"运动"选项，将"缩放"选项设置为67.0，如图 6-25 所示。

图 6-24　　　　　　　　　　　　　　图 6-25

（4）在"效果"面板中展开"视频效果"分类选项，单击"调整"文件夹左侧的▶按钮将其展开，选择"ProcAmp"效果，如图 6-26 所示。将"ProcAmp"效果拖曳到时间轴面板中"视频 1（V1）"轨道中的"01"文件上，如图 6-27 所示。在"效果控件"面板中展开"ProcAmp"选项，将"饱和度"选项设置为 135.0，如图 6-28 所示。

图 6-26　　　　　　　　图 6-27　　　　　　　　图 6-28

（5）在"效果"面板中展开"视频效果"分类选项，单击"调整"文件夹左侧的▶按钮将其展开，选择"光照效果"效果，如图 6-29 所示。将"光照效果"效果拖曳到时间轴面板中"视频 1（V1）"轨道中的"01"文件上，如图 6-30 所示。

图 6-29　　　　　　　　　　　　　　图 6-30

（6）在"效果控件"面板中展开"光照效果"选项，将"光照类型"选项设置为"全光源"、"中央"选项设置为 100.0 和 472.0、"主要半径"选项设置为 20.0、"强度"选项设置为 38.0。单击"中央"选项左侧的"切换动画"按钮🕐，如图 6-31 所示，记录第 1 个动画关键帧。将时间标签拖曳到 10:00 的位置。将"中央"选项设置为 1373.0 和 472.0，如图 6-32 所示，记录第 2 个动画关键帧。活力青春宣传片制作完成。

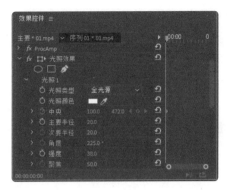 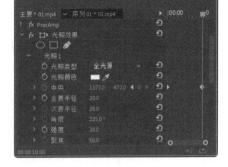

图 6-31 · · · · · · · · · · · · · 图 6-32

6.1.4 扩展实践：制作儿童网站宣传片

练习制作儿童网站宣传片，需要使用"导入"命令导入素材，使用"灰度系数校正"效果调整图像的灰度系数，使用"颜色平衡"效果调整素材画面中的部分颜色，使用"DE_AgedFilm"外部效果制作老电影风格的效果。最终效果参看云盘中的"Ch06\ 儿童网站宣传片\效果\儿童网站宣传片"文件，如图 6-33 所示。

微课视频

制作儿童网站宣传片

图 6-33

任务 6.2 制作体育运动宣传片

6.2.1 任务引入

本任务要求读者首先了解如何应用键控技术；然后通过制作体育运动宣传片，掌握使用"导入"命令导入素材的方法，使用"镜头扭曲"效果制作镜头扭曲效果的方法，使用"色阶"效果调整素材颜色的方法，使用"颜色键"效果制作融合效果的方法，使用"效果控件"面板调整图像的不透明度和混合模式，以及制作动画的方法。最终效果参看云盘中的"Ch06\ 体育运动宣传片\效果\体育运动宣传片"文件，如图 6-34 所示。

图 6-34

6.2.2 　任务知识：应用键控技术

键控在电视制作中常被称为"抠像"，而在电影制作中则被称为"遮罩"。键控技术主要通过特定的颜色值（颜色键控）和亮度值（亮度键控）来定义素材中的透明区域。"键控"文件夹中包含 9 种效果，如图 6-35 所示。它们的应用效果如图 6-36 所示。

图 6-35

原图 1

原图 2

图 6-36

提示

"移除遮罩"选项用于调整透明和不透明区域的边界，可以减少白色或黑色边界。

提示

在使用"图像遮罩键"选项设置图像遮罩时，遮罩图像的名称及其所在文件夹的名称都不能使用中文，否则图像遮罩将没有效果。

6.2.3　任务实施

（1）启动 Premiere Pro CC 2019，选择"文件 → 新建 → 项目"命令，弹出"新建项目"对话框，在其中进行设置，如图 6-37 所示。单击"确定"按钮，新建项目。选择"文件 → 新建 → 序列"命令，弹出"新建序列"对话框，选择"设置"选项卡，其中的设置如图 6-38 所示。单击"确定"按钮，新建序列。

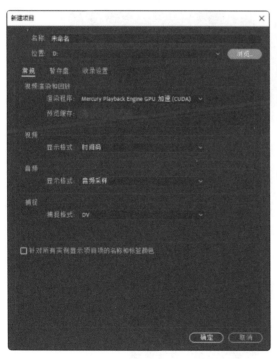

图 6-37

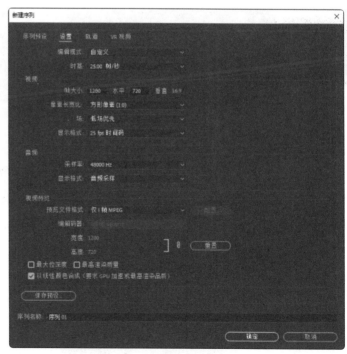

图 6-38

（2）选择"文件 → 导入"命令，弹出"导入"对话框，选择本书云盘中的"Ch06\体育运动宣传片\素材\01、02"文件，如图 6-39 所示。单击"打开"按钮，将素材导入"项目"面板中，如图 6-40 所示。

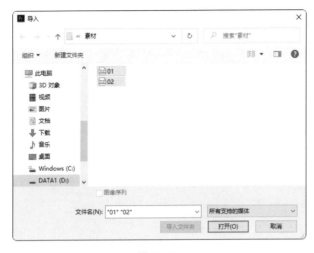

图 6-39 　　　　　　　　　　　　　　　　　　　图 6-40

（3）在"项目"面板中选择"01"文件并将其拖曳到时间轴面板中的"视频 1（V1）"轨道中，弹出"剪辑不匹配警告"对话框。单击"保持现有设置"按钮，在保持现有序列设置的情况下将"01"文件放置在"视频 1（V1）"轨道中，如图 6-41 所示。

（4）将时间标签拖曳到 05:00 的位置，将鼠标指针放在"01"文件的结束位置并单击，显示出编辑点。当鼠标指针呈◀形状时，按住鼠标左键不放，向左拖曳鼠标指针到 05:00 的位置，如图 6-42 所示。

图 6-41 　　　　　　　　　　　　　　　　　　　图 6-42

（5）将时间标签拖曳到 0s 的位置。在时间轴面板中选择"01"文件。在"效果控件"面板中展开"运动"选项，将"缩放"选项设置为 67.0，如图 6-43 所示。在"效果"面板中展开"视频效果"分类选项，单击"扭曲"文件夹左侧的▶按钮将其展开，选择"镜头扭曲"效果，如图 6-44 所示。将"镜头扭曲"效果拖曳到时间轴面板中"视频 1（V1）"轨道中的"01"文件上。

图 6-43 　　　　　　　　　　　　　　　　　　　图 6-44

（6）在"效果控件"面板中展开"镜头扭曲"选项，将"曲率"选项设置为–60。单击"曲率"选项左侧的"切换动画"按钮 ⏱ ，如图6-45所示，记录第1个动画关键帧。将时间标签拖曳到01:00的位置。在"效果控件"面板中将"曲率"选项设置为0，如图6-46所示，记录第2个动画关键帧。

图6-45　　　　　　　　　　　　　　　　图6-46

（7）在"项目"面板中选择"02"文件并将其拖曳到时间轴面板中的"视频2（V2）"轨道中，如图6-47所示。将鼠标指针放在"02"文件的结束位置并单击，显示出编辑点。当鼠标指针呈 ◀ 形状时，按住鼠标左键不放，向左拖曳鼠标指针到"01"文件的结束位置，如图6-48所示。

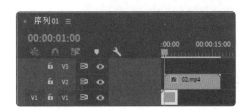

图6-47　　　　　　　　　　　　　　　　图6-48

（8）在时间轴面板中选择"02"文件。在"效果控件"面板中展开"运动"选项，将"缩放"选项设置为67.0，如图6-49所示；展开"不透明度"选项，将"混合模式"选项设置为"叠加"、"不透明度"选项设置为0.0%。单击"不透明度"选项左侧的"切换动画"按钮 ⏱ ，如图6-50所示，记录第1个动画关键帧。

图6-49　　　　　　　　　　　　　　　　图6-50

（9）将时间标签拖曳到 02:01 的位置。将"不透明度"选项设置为 80.0%，如图 6-51 所示，记录第 2 个动画关键帧。将时间标签拖曳到 04:22 的位置。将"不透明度"选项设置为 100.0%，如图 6-52 所示，记录第 3 个动画关键帧。

图 6-51   图 6-52

（10）在"效果"面板中单击"调整"文件夹左侧的 ▶ 按钮将其展开，选择"色阶"效果，如图 6-53 所示。将"色阶"效果拖曳到时间轴面板中"视频 2（V2）"轨道中的"02"文件上。在"效果控件"面板中展开"色阶"选项，将"（RGB）输入黑色阶"选项设置为 40、"（RGB）输入白色阶"选项设置为 221，如图 6-54 所示。

图 6-53   图 6-54

（11）在"效果"面板中单击"键控"文件夹左侧的 ▶ 按钮将其展开，选择"颜色键"效果，如图 6-55 所示。将"颜色键"效果拖曳到时间轴面板中"视频 2（V2）"轨道中的"02"文件上。在"效果控件"面板中展开"颜色键"选项，将"主要颜色"选项设置为白色、"颜色容差"选项设置为 9，如图 6-56 所示。体育运动宣传片制作完成。

图 6-55   图 6-56

6.2.4 扩展实践：制作《折纸世界》栏目片头

练习制作《折纸世界》栏目片头，需要使用"导入"命令导入素材，使用"颜色键"效果抠出纸飞机，使用"效果控件"面板制作文字动画。最终效果参看云盘中的"Ch06\《折纸世界》栏目片头\效果\《折纸世界》栏目片头"文件，如图6-57所示。

图 6-57

微课视频

制作《折纸世界》
栏目片头

任务 6.3　项目演练——制作美好生活宣传片

本任务要求读者通过制作美好生活宣传片，掌握使用"ProcAmp"效果调整画面饱和度的方法，使用"亮度与对比度"效果调整画面亮度和对比度的方法，使用"颜色平衡"效果调整画面颜色的方法。最终效果参看云盘中的"Ch06\美好生活宣传片\效果\美好生活宣传片"文件，如图6-58所示。

图 6-58

微课视频

制作美好生活宣
传片

项目7

熟悉字幕运用
——添加字幕

07

本项目主要介绍字幕的制作方法，并对字幕的创建和编辑方法进行详细讲解。通过对本项目的学习，读者可以掌握创建及编辑字幕的方法。

学习引导

知识目标
- 了解视频中不同类型的字幕

能力目标
- 熟练掌握不同字幕的创建方法
- 掌握字幕的编辑与修饰技巧

素养目标
- 培养对字幕的审美能力

任务分解
- 制作节目滚动预告片
- 制作海鲜火锅宣传广告

任务 7.1 制作节目滚动预告片

7.1.1 任务引入

本任务要求读者首先了解如何创建不同字幕的方法；然后通过制作节目滚动预告片，掌握使用"导入"命令导入素材的方法，使用"基本图形"和"效果控件"面板制作滚动条的方法，使用"旧版标题"命令创建字幕的方法和使用"滚动 / 游动选项"按钮制作滚动文字的方法。最终效果参看云盘中的"Ch07\节目滚动预告片 \ 效果 \ 节目滚动预告片"文件，如图 7-1 所示。

微课视频

制作节目滚动预告片

图 7-1

7.1.2 任务知识：创建不同字幕的方法

① 创建传统字幕

（1）选择"文件 → 新建 → 旧版标题"命令，弹出"新建字幕"对话框，如图 7-2 所示。单击"确定"按钮，弹出"字幕"面板，如图 7-3 所示。

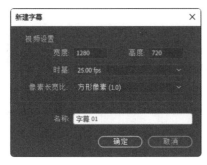

图 7-2

图 7-3

（2）单击"字幕"面板左上角的▉按钮，在弹出的菜单中选择"工具"命令，如图 7-4
所示。弹出"旧版标题工具"面板，如图 7-5 所示。

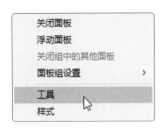

图 7-4　　　　　　　　　　　　　　　　　图 7-5

（3）选择"旧版标题工具"中的"文字"工具 **T**，在"字幕"面板中单击并输入需
要的文字，如图 7-6 所示。单击"字幕"面板左上角的▉按钮，在弹出的菜单中选择"样式"
命令，弹出"旧版标题样式"面板，如图 7-7 所示。

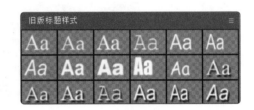

图 7-6　　　　　　　　　　　　　　　　　图 7-7

（4）在"旧版标题样式"面板中选择需要的字幕样式，如图 7-8 所示。"字幕"面板
中的文字如图 7-9 所示。

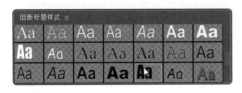

图 7-8　　　　　　　　　　　　　　　　　图 7-9

（5）在"字幕"面板上方的属性栏中设置字体、字号和字偶间距，设置完成后，"字幕"
面板中的文字如图 7-10 所示。选择"旧版标题工具"面板中的"垂直文字"工具 **IT**，在"字
幕"面板中单击并输入需要的文字，设置字幕样式和属性，效果如图 7-11 所示。

图 7-10 图 7-11

2 创建图形字幕

（1）选择工具面板中的"文字"工具 ，在"节目"面板中单击并输入需要的文字，如图 7-12 所示。时间轴面板中的"视频2（V2）"轨道中将生成"一寸光阴一寸金"图形文件，如图 7-13 所示。

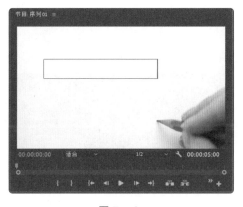 

图 7-12 图 7-13

（2）选择"节目"面板中的文字，如图 7-14 所示。选择"窗口 → 基本图形"命令，弹出"基本图形"面板，在"外观"栏中将"填充"选项设置为黑色，"文本"栏中的设置如图 7-15 所示。

图 7-14 图 7-15

（3）"基本图形"面板的"对齐并变换"栏中的设置如图 7-16 所示。"节目"面板中的效果如图 7-17 所示。

图 7-16　　　　　　　　　　图 7-17

（4）选择工具面板中的"垂直文字"工具 **IT**，在"节目"面板中输入文字，并在"基本图形"面板中设置文字属性，效果如图 7-18 所示。时间轴面板如图 7-19 所示。

图 7-18　　　　　　　　　　图 7-19

3　创建开放式字幕

（1）选择"文件 → 新建 → 字幕"命令，弹出"新建字幕"对话框，其中的设置如图 7-20 所示。单击"确定"按钮，"项目"面板中将生成"开放式字幕"文件，如图 7-21 所示。

图 7-20　　　　　　　　　　图 7-21

（2）双击"项目"面板中的"开放式字幕"文件，弹出"字幕"面板，如图 7-22 所示。

在面板右下角输入需要的文字，并在上方的属性栏中设置字体、字号、文本颜色、背景不透明度和字幕块的位置，如图 7-23 所示。

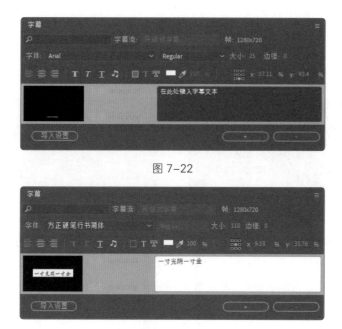

图 7-22

图 7-23

（3）在"字幕"面板下方单击　　＋　　按钮，添加字幕，如图 7-24 所示。在面板右下角输入需要的文字，并在上方的属性栏中设置字体、字号、文本颜色、背景不透明度和字幕块的位置，如图 7-25 所示。

图 7-24

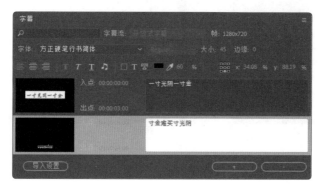

图 7-25

（4）在"项目"面板中选择"开放式字幕"文件并将其拖曳到时间轴面板中的"视频2（V2）"轨道中，如图7-26所示。将鼠标指针放在"开放式字幕"文件的结束位置，当鼠标指针呈◂┃形状时，按住鼠标左键不放，向右拖曳鼠标指针到"01"文件的结束位置，如图7-27所示。"节目"面板中的效果如图7-28所示。将时间标签拖曳到03:00的位置，"节目"面板中的效果如图7-29所示。

图7-26

图7-27

图7-28

图7-29

4　创建路径字幕

（1）选择"文件→新建→旧版标题"命令，弹出"新建字幕"对话框，如图7-30所示。单击"确定"按钮，弹出"字幕"面板，如图7-31所示。

图7-30

图7-31

（2）单击"字幕"面板左上角的▤按钮，在弹出的菜单中选择"工具"命令，如图7-32所示。弹出"旧版标题工具"面板，如图7-33所示。

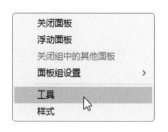

图 7-32　　　　　　　　　　　　　　　　　图 7-33

（3）选择"旧版标题工具"面板中的"路径文字"工具，在"字幕"面板中按住鼠标左键不放，拖曳鼠标指针绘制路径，如图 7-34 所示。选择"路径文字"工具，在路径上单击插入光标，输入需要的文字，如图 7-35 所示。

图 7-34　　　　　　　　　　　　　　　　　图 7-35

（4）单击"字幕"面板左上角的■按钮，在弹出的菜单中选择"属性"命令，如图 7-36 所示。弹出"旧版标题属性"面板，在其中展开"填充"栏，将"颜色"选项设置为黑色；展开"属性"栏，相关设置如图 7-37 所示。"字幕"面板中的效果如图 7-38 所示。用相同的方法制作垂直路径文字，"字幕"面板中的效果如图 7-39 所示。

图 7-36　　　　　　　　　　　　　　　　　图 7-37

图 7-38　　　　　　　　　　　　　　　　　图 7-39

⑤ 创建段落字幕

（1）选择"文件 → 新建 → 旧版标题"命令，弹出"新建字幕"对话框，如图 7-40 所示。单击"确定"按钮，弹出"字幕"面板。选择"旧版标题工具"面板中的"文字"工具 **T**，在"字幕"面板中拖曳出文本框，如图 7-41 所示。

图 7-40　　　　　　　　　　　　　　　　图 7-41

（2）在"字幕"面板中输入需要的段落文字，如图 7-42 所示。在"旧版标题属性"面板中展开"填充"栏，将"颜色"选项设置为黑色；展开"属性"栏，相关设置如图 7-43 所示。"字幕"面板中的效果如图 7-44 所示。用相同的方法制作垂直段落文字，"字幕"面板中的效果如图 7-45 所示。

图 7-42　　　　　　　　　　　　　　　　图 7-43

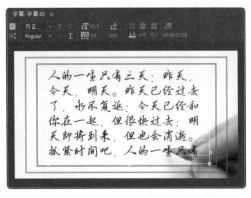

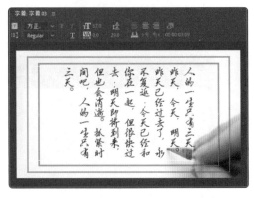

图 7-44　　　　　　　　　　　　　　　　图 7-45

（3）选择工具面板中的"文字"工具，在"节目"面板中拖曳出文本框并输入段落文字，在"基本图形"面板中编辑文字的属性，效果如图7-46所示。用相同的方法输入垂直段落文字，效果如图7-47所示。

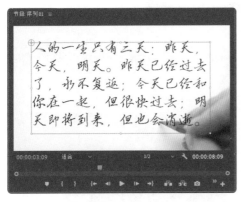

图7-46

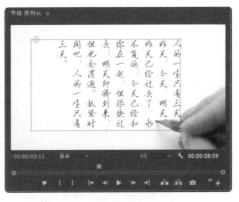

图7-47

⑥ 创建垂直滚动字幕

◎ 在"字幕"面板中创建垂直滚动字幕

（1）在时间轴面板中添加背景图。选择"文件 → 新建 → 旧版标题"命令，弹出"新建字幕"对话框，单击"确定"按钮。

（2）选择"旧版标题工具"面板中的"文字"工具，在"字幕"面板中拖曳出文本框，输入需要的文字并对其属性进行相应的设置，如图7-48所示。

（3）在"字幕"面板中单击"滚动/游动选项"按钮，在弹出的"滚动/游动选项"对话框中选中"滚动"单选按钮；在"定时（帧）"栏中勾选"开始于屏幕外"和"结束于屏幕外"复选框，其他设置如图7-49所示。设置完成后，单击"确定"按钮。

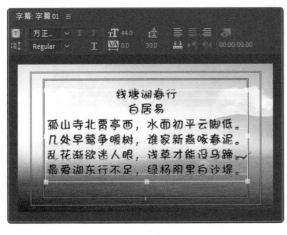

图7-48

图7-49

（4）制作的字幕会自动保存在"项目"面板中。从"项目"面板中将新建的字幕拖曳到时间轴面板的"视频2（V2）"轨道上，并将其调整至与"视频1（V1）"轨道中的素材等长，如图7-50所示。

图 7-50

（5）单击"节目"面板下方的"播放 - 停止切换"按钮▶，即可预览字幕的垂直滚动效果，如图 7-51 和图 7-52 所示。

图 7-51   图 7-52

◎ 在"基本图形"面板中创建垂直滚动字幕

在"基本图形"面板中退出文字图层的选择状态，如图 7-53 所示。勾选"滚动"复选框，继续设置相关选项，可以制作出垂直滚动字幕，如图 7-54 所示。

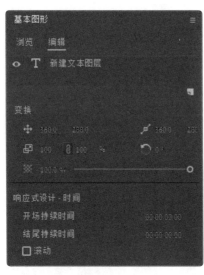

图 7-53   图 7-54

7 创建横向滚动字幕

（1）在时间轴面板中添加背景图。选择"文件 → 新建 → 旧版标题"命令，弹出"新建字幕"对话框，单击"确定"按钮。

（2）选择"旧版标题工具"中的"文字"工具**T**，在"字幕"面板中输入需要的文字，并设置字幕的样式和属性，如图 7-55 所示。

（3）单击"字幕"面板左上方的"滚动 / 游动选项"按钮▦，在弹出的"滚动 / 游动选项"对话框中选中"向左游动"单选按钮，其他设置如图 7-56 所示。设置完成后，单击"确定"按钮。

图 7-55   图 7-56

（4）制作的字幕会自动保存在"项目"面板中。从"项目"面板中将新建的字幕拖曳到时间轴面板的"视频2（V2）"轨道上，如图7-57所示。在"效果"面板中展开"视频效果"分类选项，单击"键控"文件夹左侧的▶按钮将其展开，选择"轨道遮罩键"效果，如图7-58所示。

（5）将"轨道遮罩键"效果拖曳到时间轴面板中"视频1（V1）"轨道中的"03"文件上。在"效果控件"面板中展开"轨道遮罩键"选项，相关设置如图7-59所示。

图 7-57   图 7-58   图 7-59

（6）单击"节目"面板下方的"播放 - 停止切换"按钮▶，即可预览字幕的横向滚动效果，如图 7-60 和图 7-61 所示。

图 7-60   图 7-61

7.1.3 任务实施

（1）启动 Premiere Pro CC 2019，选择"文件→新建→项目"命令，弹出"新建项目"对话框，在其中进行设置，如图 7-62 所示。单击"确定"按钮，新建项目。选择"文件→新建→序列"命令，弹出"新建序列"对话框，选择"设置"选项卡，其中的设置如图 7-63

所示。单击"确定"按钮，新建序列。

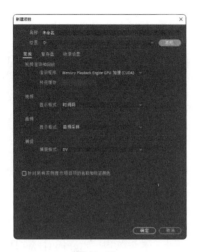

图 7-62

图 7-63

（2）选择"文件 → 导入"命令，弹出"导入"对话框，选择本书云盘中的"Ch07\ 节目滚动预告片 \ 素材 \01"文件，如图 7-64 所示。单击"打开"按钮，将素材导入"项目"面板中，如图 7-65 所示。

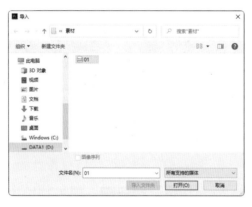

图 7-64

图 7-65

（3）在"项目"面板中选择"01"文件并将其拖曳到时间轴面板中的"视频 1（V1）"轨道中，弹出"剪辑不匹配警告"对话框，如图 7-66 所示。单击"保持现有设置"按钮，在保持现有序列设置的情况下将"01"文件放置在"视频 1（V1）"轨道中，如图 7-67 所示。

图 7-66

图 7-67

（4）在时间轴面板中选择"01"文件。在"效果控件"面板中展开"运动"选项，将"缩放"选项设置为 67.0，如图 7-68 所示。选择"剪辑 → 速度 / 持续时间"命令，弹出"剪辑速度 / 持续时间"对话框，将"速度"选项设置为 150%，如图 7-69 所示。单击"确定"

按钮，时间轴面板如图 7-70 所示。

图 7-68　　　　　　　　　　图 7-69　　　　　　　　　　图 7-70

（5）在"基本图形"面板中选择"编辑"选项卡，单击"新建图层"按钮，在弹出的菜单中选择"矩形"命令，"节目"面板中将生成一个矩形，如图 7-71 所示。时间轴面板中的"视频 2（V2）"轨道中将生成一个图形文件，如图 7-72 所示。

图 7-71　　　　　　　　　　　　　　图 7-72

（6）在"基本图形"面板中选择图形文件，"对齐并变换"栏中的设置如图 7-73 所示。"节目"面板中的矩形如图 7-74 所示。

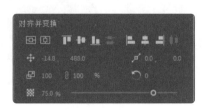 

图 7-73　　　　　　　　　　　　　　图 7-74

（7）在"节目"面板中调整矩形的长和宽，如图 7-75 所示。将鼠标指针放在图形文件的结束位置，当鼠标指针呈形状时，按住鼠标左键不放，向右拖曳鼠标指针到"01"文件的结束位置，如图 7-76 所示。

图 7-75　　　　　　　　　　　　　　图 7-76

（8）选择"文件→新建→旧版标题"命令，弹出"新建字幕"对话框，如图 7-77 所示。单击"确定"按钮，弹出"字幕"面板。选择"旧版标题工具"面板中的"文字"工具 **T**，在"字幕"面板中单击并输入需要的文字，为其设置适当的字体和字号，如图 7-78 所示。"项目"面板中将生成"字幕 01"文件。

图 7-77

图 7-78

（9）在"字幕"面板中单击"滚动/游动选项"按钮 ，在弹出的"滚动/游动选项"对话框中选中"向左游动"单选按钮，在"定时（帧）"栏中勾选"开始于屏幕外"和"结束于屏幕外"复选框，如图 7-79 所示。单击"确定"按钮，"字幕"面板如图 7-80 所示。

图 7-79

图 7-80

（10）在"项目"面板中选择"字幕 01"文件并将其拖曳到时间轴面板中的"视频 3（V3）"轨道中，如图 7-81 所示。将鼠标指针放在"字幕 01"文件的结束位置，当鼠标指针呈 形状时，按住鼠标左键不放，向右拖曳鼠标指针到图形文件的结束位置，如图 7-82 所示。节目滚动预告片制作完成。

图 7-81

图 7-82

7.1.4　扩展实践：制作节目预告片

练习制作节目预告片，需要使用"导入"命令导入素材，使用"旧版标题"命令创建字幕，使用"字幕"面板编辑并制作滚动字幕，使用"旧版标题属性"面板编辑字幕的相关属性。最终效果参看云盘中的"Ch07\节目预告片\效果\节目预告片"文件，如图7-83所示。

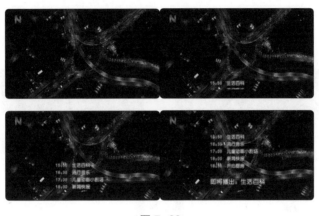

微课视频

制作节目预告片

图 7-83

任务 7.2　制作海鲜火锅宣传广告

7.2.1　任务引入

本任务要求读者首先了解编辑字幕的技巧；然后通过制作海鲜火锅宣传广告，掌握使用"导入"命令导入素材的方法，使用"旧版标题"命令创建字幕的方法，使用"字幕"面板编辑字幕的方法，使用"旧版标题属性"面板编辑字幕属性的方法和使用"效果控件"面板调整素材位置、缩放效果、不透明度的方法。最终效果参看云盘中的"Ch07\海鲜火锅宣传广告\效果\海鲜火锅宣传广告"文件，如图7-84所示。

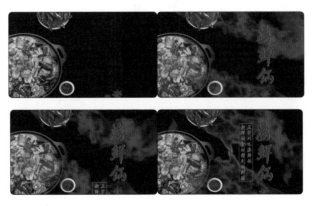

微课视频

制作海鲜火锅宣传广告

图 7-84

7.2.2　**任务知识：编辑字幕的技巧**

1 编辑字幕

◎ 编辑传统字幕

（1）在"字幕"面板中输入文字并设置文字的属性，如图 7-85 所示。选择"选择"工具，选择文字，将鼠标指针移动至矩形框内，按住鼠标左键不放并拖曳，可移动文字对象，效果如图 7-86 所示。

图 7-85

图 7-86

（2）将鼠标指针移至矩形框的任意一个点上，当鼠标指针呈 ↗、↔ 或 ↘ 形状时，按住鼠标左键不放并拖曳，可缩放文字对象，效果如图 7-87 所示。将鼠标指针移至矩形框外侧的任意一点附近，当鼠标指针呈 ↷、↶ 或 ↺ 形状时，按住鼠标左键不放并拖曳，可旋转文字对象，效果如图 7-88 所示。

图 7-87

图 7-88

◎ 编辑图形字幕

（1）在"节目"面板中输入文字并设置文字的属性，如图 7-89 所示。选择"选择"工具，选择文字，将鼠标指针移动至矩形框内，按住鼠标左键不放并拖曳，可移动文字对象，效果如图 7-90 所示。

图 7-89

图 7-90

（2）将鼠标指针移至矩形框的任意一个点上，当鼠标指针呈↖、↔或↘形状时，按住鼠标左键不放并拖曳，可缩放文字对象，效果如图 7-91 所示。将鼠标指针移至矩形框外侧的任意一点附近，当鼠标指针呈↶、↷或↻形状时，按住鼠标左键不放并拖曳，可旋转文字对象，效果如图 7-92 所示。

图 7-91

图 7-92

（3）将鼠标指针移至矩形框的锚点⊕处，当鼠标指针呈▶形状时，按住鼠标左键不放，将其拖曳到适当的位置，如图 7-93 所示。将鼠标指针移至矩形框外侧的任意一点附近，当鼠标指针呈↶、↷或↻形状时，按住鼠标左键不放并拖曳，可以锚点为中心旋转文字对象，效果如图 7-94 所示。

图 7-93

图 7-94

◎ 编辑开放式字幕

（1）在"节目"面板中预览开放式字幕，如图 7-95 所示。在"项目"面板中双击"开放式字幕"文件，打开"字幕"面板，将字幕块设置在上方居中的位置，如图 7-96 所示。

图 7-95　　　　　　　　　　　　　　　　图 7-96

（2）在"节目"面板中预览字幕效果，如图 7-97 所示。在"字幕"面板右侧设置水平（x）和垂直（y）位置，在"节目"面板中预览字幕效果，如图 7-98 所示。

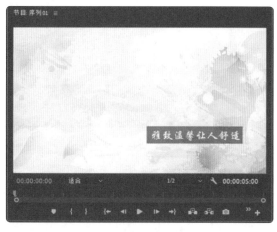

图 7-97　　　　　　　　　　　　　　　　图 7-98

2 设置字幕属性

用户在 Premiere Pro CC 2019 中可以非常方便地对字幕进行修饰，包括调整其位置、不透明度、字体、字号、颜色和为其添加阴影等。

◎ 在"旧版标题属性"面板中编辑传统字幕的属性

在"旧版标题属性"面板的"变换"栏中可以对字幕或图形的不透明度、位置、高度、宽度、旋转等属性进行设置，如图 7-99 所示；在"属性"栏中可以对字幕的字体样式、字体大小、宽高比、字符间距、扭曲等基本属性进行设置，如图 7-100 所示；在"填充"栏中可以设置字幕或者图形的填充类型、颜色和不透明度等属性，如图 7-101 所示。

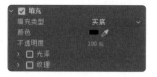

图 7-99   图 7-100   图 7-101

"描边"栏用于设置字幕或者图形的描边效果，有内描边和外描边两种效果，如图7-102所示；"阴影"栏用于添加阴影效果，如图7-103所示；"背景"栏用于设置字幕背景的填充类型、颜色和不透明度等属性，如图7-104所示。

图 7-102   图 7-103   图 7-104

◎ 在"效果控件"面板中编辑图形字幕的属性

在"效果控件"面板中展开"文本"选项，在"源文本"栏中可以设置文字的字体、样式、字号、字距和行距等属性；"外观"栏用于设置填充、描边及阴影等属性，如图7-105所示；"变换"栏用于设置位置、缩放、水平缩放、旋转、不透明度、锚点等属性，如图7-106所示。

图 7-105   图 7-106

◎ 在"基本图形"面板中编辑图形字幕的属性

在"基本图形"面板中，上方为文字图层和响应设置，如图 7-107 所示。"对齐并变换"栏用于设置图形字幕的对齐、位置、旋转及比例等属性；"主样式"栏用于设置图形字幕的主样式，如图 7-108 所示；"文本"栏用于设置文字的字体、样式、字号、字距和行距等属性；"外观"栏用于设置填充、描边及阴影等属性，如图 7-109 所示。

  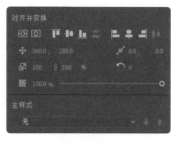 

图 7-107　　　　　　　图 7-108　　　　　　　图 7-109

◎ 在"字幕"面板中编辑开放式字幕的属性

在"字幕"面板中，最上方包含筛选字幕内容、选择字幕流及帧数等选项；中上方为字幕属性设置区，可以设置文字的字体、字号、边缘、对齐方式、颜色和字幕块位置等属性；中下方为显示字幕、设置入点和出点，以及输入字幕文本等的区域；最下方为导入设置、添加字幕及删除字幕按钮，如图 7-110 所示。

图 7-110

7.2.3 任务实施

1 添加并剪辑影视素材

（1）启动 Premiere Pro CC 2019，选择"文件 → 新建 → 项目"命令，弹出"新建项目"对话框，在其中进行设置，如图 7-111 所示。单击"确定"按钮，新建项目。选择"文件 → 新建 → 序列"命令，弹出"新建序列"对话框，选择"设置"选项卡，其中的设置如图 7-112 所示。单击"确定"按钮，新建序列。

图 7-111

图 7-112

（2）选择"文件 → 导入"命令，弹出"导入"对话框，选择本书云盘中的"Ch07\海鲜火锅宣传广告 \ 素材 \01、02"文件，如图 7-113 所示。单击"打开"按钮，将素材导入"项目"面板中，如图 7-114 所示。

图 7-113

图 7-114

（3）在"项目"面板中，选择"01"文件并将其拖曳到时间轴面板中的"视频 1（V1）"轨道中，如图 7-115 所示。选择时间轴面板中的"01"文件。在"效果控件"面板中展开"运动"选项，将"位置"选项设置为 492.0 和 360.0、"缩放"选项设置为 125.0，如图 7-116 所示。

图 7-115

图 7-116

（4）在"项目"面板中，选择"02"文件并将其拖曳到时间轴面板中的"视频2（V2）"轨道中，如图7-117所示。将鼠标指针放在"02"文件的结束位置，当鼠标指针呈◀形状时，按住鼠标左键不放，向左拖曳鼠标指针到"01"文件的结束位置，如图7-118所示。

图7-117

图7-118

（5）选择时间轴面板中的"02"文件。在"效果控件"面板中展开"运动"选项，将"缩放"选项设置为70.0，如图7-119所示；展开"不透明度"选项，将"不透明度"选项设置为80.0%，如图7-120所示。

图7-119

图7-120

2 制作字幕和图形

（1）选择"文件→新建→旧版标题"命令，弹出"新建字幕"对话框，如图7-121所示，单击"确定"按钮。选择工具面板中的"垂直文字"工具，在"字幕"面板中单击插入光标，输入需要的文字。在"旧版标题属性"面板中展开"变换"栏，相关设置如图7-122所示。

图7-121

图7-122

（2）展开"属性"栏，相关设置如图7-123所示。展开"填充"栏，将"颜色"选项设置为红色(186, 0, 0)。展开"描边"栏，勾选"外描边"复选框，将"颜色"选项设置为土黄色(195, 133, 89)，其他设置如图7-124所示。"字幕"面板如图7-125所示。新建的字幕文件已自动保存到"项目"面板中。

图 7-123　　　　　　　　　图 7-124　　　　　　　　　图 7-125

（3）在"字幕"面板中单击"滚动/游动选项"按钮 ，在弹出的"滚动/游动选项"对话框中选中"向左游动"单选按钮，在"定时（帧）"栏中勾选"开始于屏幕外"复选框，其他设置如图 7-126 所示，单击"确定"按钮。在"项目"面板中选择"字幕 01"文件并将其拖曳到时间轴面板中的"视频 3（V3）"轨道中，如图 7-127 所示。

图 7-126

图 7-127

（4）选择"序列 → 添加轨道"命令，在弹出的"添加轨道"对话框中进行设置，如图 7-128 所示。单击"确定"按钮，效果如图 7-129 所示，时间轴面板中增加了 1 个视频轨道。

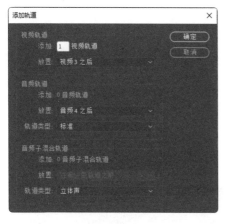

图 7-128

图 7-129

（5）选择"文件 → 新建 → 旧版标题"命令，弹出"新建字幕"对话框，单击"确定"按钮。选择工具面板中的"垂直文字"工具 ，在"字幕"面板中拖曳文本框至合适的位置并输入需要的文字。在"旧版标题属性"面板中展开"变换"栏，相关设置如图 7-130 所示。

展开"属性"栏和"填充"栏，将"颜色"选项设置为土黄色(195, 133, 88)，其他设置如图 7-131 所示。"字幕"面板中的效果如图 7-132 所示。

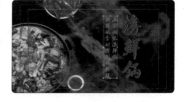

图 7-130   图 7-131   图 7-132

（6）选择"旧版标题工具"面板中的"矩形"工具▣，在"字幕"面板中绘制矩形。在"旧版标题属性"面板中展开"变换"栏，具体设置如图 7-133 所示。展开"描边"栏，勾选"内描边"复选框，将"颜色"选项设置为土黄色(195, 133, 88)，其他设置如图 7-134 所示。"字幕"面板中的效果如图 7-135 所示。

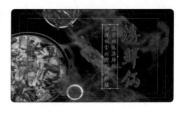

图 7-133   图 7-134   图 7-135

（7）在"字幕"面板中单击"滚动 / 游动选项"按钮▦，在弹出的"滚动 / 游动选项"对话框中选中"滚动"单选按钮，在"定时（帧）"栏中勾选"开始于屏幕外"复选框，其他设置如图 7-136 所示。单击"确定"按钮，新建的字幕文件已自动保存到"项目"面板中。将时间标签拖曳到 01:05 的位置。在"项目"面板中，选择"字幕 02"文件并将其拖曳到时间轴面板中的"视频 4（V4）"轨道中，如图 7-137 所示。

图 7-136   图 7-137

（8）将鼠标指针放在"字幕02"文件的结束位置，当鼠标指针呈↤形状时，按住鼠标左键不放，向左拖曳鼠标指针到"字幕01"文件的结束位置，如图7-138所示。海鲜火锅宣传广告制作完成，效果如图7-139所示。

图7-138

图7-139

7.2.4 扩展实践：制作化妆品广告

练习制作化妆品广告时，需要使用"导入"命令导入素材，使用"旧版标题"命令创建字幕，使用"字幕"面板和"旧版标题属性"面板编辑字幕，使用"球面化"效果制作文字动画。最终效果参看云盘中的"Ch07\化妆品广告\化妆品广告"文件，如图7-140所示。

微课视频

制作化妆品广告

图7-140

任务 7.3 项目演练——制作夏季女装上新广告

本任务要求读者通过制作夏季女装上新广告，掌握使用"导入"命令导入素材的方法，使用"旧版标题"命令创建字幕的方法，使用"字幕"面板制作运动字幕的方法，使用"旧版标题属性"面板编辑字幕属性的方法，使用"效果控件"面板调整素材的位置和缩放素材的方法。最终效果参看云盘中的"Ch07\夏季女装上新广告\效果\夏季女装上新广告"文件，如图 7-141 所示。

图 7-141

项目8

了解音频应用
——加入音频

08

本项目主要介绍加入音频、编辑音频及添加音频效果的方法，重点讲解"音轨混合器"面板的使用方法及编辑音频的方法。通过对本项目的学习，读者可以掌握加入音频的方法和添加音频效果的技巧。

学习引导

知识目标
- 了解音频效果
- 了解"音轨混合器"面板
- 了解音频增益的相关知识

能力目标
- 掌握加入音频的方法
- 掌握音频效果的应用技巧

素养目标
- 提高音乐鉴赏能力

任务分解
- 制作休闲生活宣传片
- 制作个性女装新品宣传片

任务 8.1   制作休闲生活宣传片

8.1.1   任务引入

本任务要求读者首先了解加入并调节音频的方法；然后通过制作休闲生活宣传片，掌握使用"导入"命令导入素材的方法，使用"效果控件"面板设置音频的淡入淡出效果的方法。最终效果参看云盘中的"Ch08\休闲生活宣传片\效果\休闲生活宣传片"文件，如图 8-1 所示。

微课视频

制作休闲生活宣
传片

图 8-1

8.1.2   任务知识：加入并调节音频

① 关于音频效果

在 Premiere Pro CC 2019 中对音频素材进行处理主要有以下 3 种方式。

（1）在时间轴面板的音频轨道上，通过修改关键帧的方式对音频素材进行处理，如图 8-2 所示。

图 8-2

（2）使用菜单命令来编辑所选的音频素材，如图 8-3 所示。

（3）在"效果"面板中，为音频素材添加"音频效果"来改变音频素材的效果，如图 8-4所示。

图 8-3　　　　　　　　　　　　　　图 8-4

2 认识"音轨混合器"面板

"音轨混合器"面板由若干个轨道音频控制器、主音频控制器和播放控制器组成，每个轨道音频控制器均由调节滑轮、控制按钮和调节滑杆组成，如图 8-5 所示。

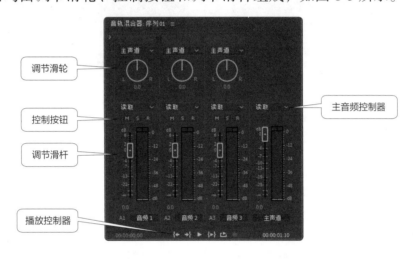

图 8-5

3 设置"音轨混合器"面板

单击"音轨混合器"面板左上方的圖按钮，在弹出的菜单中可以选择相应的命令来对该面板进行相关设置，如图 8-6 所示。

·显示/隐藏轨道：用于对"音轨混合器"面板中的轨道进行隐藏或显示；选择该命令后，弹出的图 8-7 所示的"显示/隐藏轨道"对话框中会显示带☑图标的轨道名称。

图 8-6　　　　　　　　　　　　　　图 8-7

• 显示音频时间单位：用于将时间标尺切换为音频时间单位。

• 循环：选择该命令后，系统会循环播放音频。

4 使用时间轴面板调节音频

（1）在默认情况下，音频轨道处于关闭状态，双击轨道左侧的空白处，打开音频轨道，如图 8-8 所示。

（2）选择"钢笔"工具 或"选择"工具 ，拖曳音频素材（或轨道）上的白线即可调整其音量，如图 8-9 所示。

图 8-8

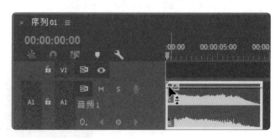

图 8-9

（3）在按住 Ctrl 键的同时，将鼠标指针移动到音频淡化器上，鼠标指针将变为 形状，单击即可添加关键帧，如图 8-10 所示。

（4）根据需要添加多个关键帧。按住鼠标左键不放，上下拖曳关键帧，关键帧之间的直线用于指示音频素材是淡入还是淡出：递增的直线表示音频淡入，递减的直线表示音频淡出，如图 8-11 所示。

图 8-10

图 8-11

5 使用"音轨混合器"面板调节音频

（1）在时间轴面板中单击 按钮，在弹出的菜单中选择"轨道关键帧 → 音量"命令。

（2）在"音轨混合器"面板上方，将"自动模式"选项设置为"写入"，如图 8-12 所示。

（3）单击"播放 - 停止切换"按钮 ，时间轴面板中的音频素材开始播放。拖曳音量调节滑块进行调节，调节完成后，系统会自动记录调节结果，如图 8-13 所示。

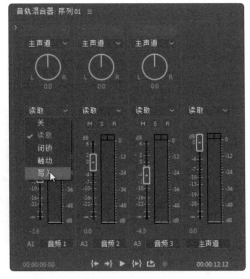

图 8-12

图 8-13

8.1.3 任务实施

（1）启动 Premiere Pro CC 2019，选择"文件 → 新建 → 项目"命令，弹出"新建项目"对话框，在其中进行设置，如图 8-14 所示。单击"确定"按钮，新建项目。选择"文件 → 新建 → 序列"命令，弹出"新建序列"对话框，选择"设置"选项卡，其中的设置如图 8-15 所示。单击"确定"按钮，新建序列。

（2）选择"文件 → 导入"命令，弹出"导入"对话框，选择本书云盘中的"Ch08\ 休闲生活宣传片 \ 素材 \01、02"文件，如图 8-16 所示。单击"打开"按钮，将素材导入"项目"面板中，如图 8-17 所示。

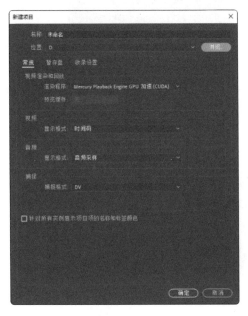

图 8-14

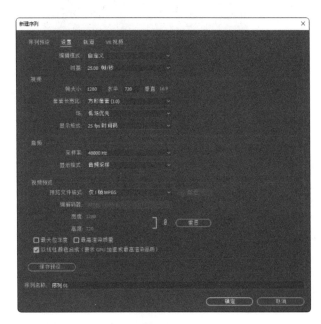

图 8-15

图 8-16　　　　　　　　　　　　　　　　　　　　　　图 8-17

（3）在"项目"面板中，选择"01"文件并将其拖曳到时间轴面板中的"视频1（V1）"轨道中，弹出"剪辑不匹配警告"对话框。单击"保持现有设置"按钮，在保持现有序列设置的情况下将"01"文件放置在"视频1（V1）"轨道中，如图 8-18 所示。选择时间轴面板中的"01"文件。在"效果控件"面板中展开"运动"选项，将"缩放"选项设置为67.0，如图 8-19 所示。

图 8-18　　　　　　　　　　　　　　　　　　　　　　图 8-19

（4）在"项目"面板中，选择"02"文件并将其拖曳到时间轴面板中的"音频1（A1）"轨道中，如图 8-20 所示。将鼠标指针放在"02"文件的结束位置，当鼠标指针呈◀形状时，按住鼠标左键不放，向左拖曳鼠标指针到"01"文件的结束位置，如图 8-21 所示。

图 8-20　　　　　　　　　　　　　　　　　　　　　　图 8-21

（5）选择时间轴面板中的"02"文件，如图 8-22 所示。将时间标签拖曳到 01:24

的位置。在"效果控件"面板中展开"音量"选项，将"级别"选项设置为 −2.9dB。单击"级别"和"旁路"选项左侧的"切换动画"按钮⏱，如图 8-23 所示，记录第 1 个动画关键帧。

图 8-22   图 8-23

（6）将时间标签拖曳到 09:07 的位置。将"级别"选项设置为 2.6dB，如图 8-24 所示，记录第 2 个动画关键帧。将时间标签拖曳到 13:16 的位置。将"级别"选项设置为 −3.3dB，如图 8-25 所示，记录第 3 个动画关键帧。休闲生活宣传片制作完成。

图 8-24   图 8-25

8.1.4 扩展实践：制作万马奔腾宣传片

练习制作万马奔腾宣传片，需要使用"导入"命令导入素材，使用"效果控件"面板设置音频的淡入与淡出效果。最终效果参看云盘中的"Ch08\万马奔腾宣传片\效果\万马奔腾宣传片"文件，如图 8-26 所示。

微课视频

制作万马奔腾宣传片

图 8-26

任务 8.2　制作个性女装新品宣传片

8.2.1　任务引入

本任务要求读者首先了解音频增益和音频效果的相关知识；然后通过制作个性女装新品宣传片，掌握使用"导入"命令导入素材的方法，使用"效果控件"面板调整素材大小的方法，使用"低通"效果和"低音"效果制作音频效果的方法。最终效果参看云盘中的"Ch08\个性女装新品宣传片\效果\个性女装新品宣传片"文件，如图 8-27 所示。

微课视频

制作个性女装新
品宣传片

图 8-27

8.2.2　任务知识：音频增益和音频效果

①　调整音频的持续时间和速度

（1）选择要调整的音频素材，选择"剪辑 → 速度 / 持续时间"命令，弹出"剪辑速度 / 持续时间"对话框，可以在此对音频素材的持续时间进行调整，如图 8-28 所示。

（2）在时间轴面板中直接拖曳音频文件的边缘，可以改变音频轨道上音频素材的长度。选择"剃刀"工具 ，可切割音频素材，如图 8-29 所示，将音频素材切割后可删除不需要的部分。

图 8-28　　　　　　　　　图 8-29

2 音频增益

（1）选择要调整的音频素材，如图 8-30 所示。选择"剪辑 → 音频选项 → 音频增益"命令，弹出"音频增益"对话框，如图 8-31 所示。该对话框下方的"峰值振幅"为软件自动计算的该素材的峰值振幅，可以作为调整音频增益的参考。

图 8-30　　　　　　　　　　　　　　图 8-31

- 将增益设置为：用于设置增益为特定值。
- 调整增益值：用于调整增益值。
- 标准化最大峰值为：用于设置最大峰值振幅。
- 标准化所有峰值为：用于设置所有峰值振幅。

（2）完成设置后，可以通过"源"面板查看处理后的音频的波形变化，播放修改后的音频，试听音频效果。

3 分离和链接视频音频

在 Premiere Pro CC 2019 中，音频素材和视频素材有两种链接关系：硬链接和软链接。硬链接是指视频素材和音频素材来自同一个影片文件，且该文件是在素材导入软件之前就建立好了的，在时间轴面板中视频和音频素材显示为相同的颜色，如图 8-32 所示；软链接是在时间轴面板中建立的链接。可以在时间轴面板中为音频和视频素材建立软链接，软链接类似于硬链接，但具有软链接关系的视频和音频素材在"项目"面板中保持着它们各自的完整性，在时间轴面板中显示为不同的颜色，如图 8-33 所示。

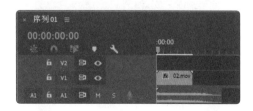

图 8-32　　　　　　　　　　　　　　图 8-33

如果要分离链接在一起的视频和音频素材，在轨道上选择相应的对象，单击鼠标右键，在弹出的快捷菜单中选择"取消链接"命令即可，如图 8-34 所示。用户可以对被分离的视频和音频素材单独进行操作。

如果要把独立的视频和音频素材链接在一起作为一个整体进行操作，则只需要选择需要链接的视频和音频素材，单击鼠标右键，在弹出的快捷菜单中选择"链接"命令即可，如图 8-35 所示。

图 8-34   图 8-35

④ 为素材添加效果

在"效果"面板中展开"音频效果"分类选项，在相应的文件夹中选择需要的音频效果并将其拖曳到素材上，再在"效果控件"面板中对效果进行设置即可，如图 8-36 所示。在"音频过渡"分类选项中，选择需要的音频切换方式并将其拖曳到素材上，如图 8-37 所示。

图 8-36   图 8-37

⑤ 设置轨道效果

除了可以对轨道上的音频素材进行设置外，还可以为音频轨道添加效果。在"音轨混合器"面板中，单击左上方的"显示/隐藏效果和发送"按钮，展开目标轨道的效果设置栏，单击设置栏右侧的下拉按钮，弹出音频效果下拉列表，如图 8-38 所示，在其中选择需要的音频效果即可。可以在同一个音频轨道上添加多个效果并分别对它们进行控制，如图 8-39 所示。

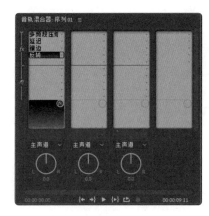

图 8-38   图 8-39

如果要调节轨道的音频效果，可以单击鼠标右键，在弹出的快捷菜单中选择相应的命令。在设置栏中单击相应的下拉按钮，在弹出的下拉列表中选择"编辑"选项，如图 8-40 所示。

可以在弹出的"轨道效果编辑器"对话框中进行更加详细的设置，图 8-41 所示为"镶边"的详细设置对话框。

图 8-40　　　　　　　　　　　　　　　　图 8-41

8.2.3　任务实施

（1）启动 Premiere Pro CC 2019，选择"文件 → 新建 → 项目"命令，弹出"新建项目"对话框，在其中进行设置，如图 8-42 所示。单击"确定"按钮，新建项目。选择"文件 → 新建 → 序列"命令，弹出"新建序列"对话框，选择"设置"选项卡，其中的设置如图 8-43 所示。单击"确定"按钮，新建序列。

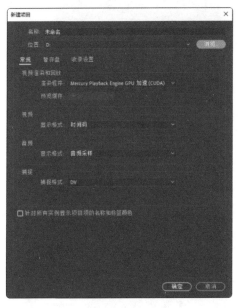

图 8-42　　　　　　　　　　　　　　　　图 8-43

（2）选择"文件 → 导入"命令，弹出"导入"对话框，选择本书云盘中的"Ch08\ 个性女装新品宣传片 \ 素材 \01、02"文件，如图 8-44 所示。单击"打开"按钮，将素材导入"项目"面板中，如图 8-45 所示。

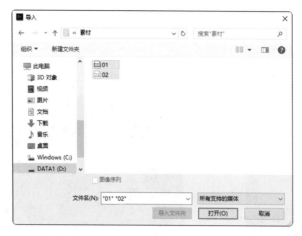

图 8-44　　　　　　　　　　　　　　　　　　图 8-45

（3）在"项目"面板中，选择"01"文件并将其拖曳到时间轴面板中的"视频1（V1）"轨道中，弹出"剪辑不匹配警告"对话框。单击"保持现有设置"按钮，在保持现有序列设置的情况下将"01"文件放置在"视频1（V1）"轨道中，如图 8-46 所示。选择时间轴面板中的"01"文件。在"效果控件"面板中展开"运动"选项，将"缩放"选项设置为67.0，如图 8-47 所示。

图 8-46　　　　　　　　　　　　　　　　　　图 8-47

（4）在"项目"面板中，选择"02"文件并将其拖曳到时间轴面板中的"音频1（A1）"轨道中，如图 8-48 所示。将鼠标指针放在"02"文件的结束位置，当鼠标指针呈◀形状时，按住鼠标左键不放，向左拖曳指针到"01"文件的结束位置，如图 8-49 所示。

图 8-48　　　　　　　　　　　　　　　　　　图 8-49

（5）在"效果"面板中，展开"音频效果"分类选项，选择"低音"效果，如图 8-50 所示。将"低音"效果拖曳到时间轴面板中"音频1（A1）"轨道中的"02"文件上。在"效果控件"

面板中展开"低音"选项,将"提升"选项设置为10.0dB,如图8-51所示。

图 8-50 图 8-51

(6)在"效果"面板中,展开"音频效果"分类选项,选择"低通"效果,如图8-52所示。将"低通"效果拖曳到时间轴面板中"音频1(A1)"轨道中的"02"文件上。在"效果控件"面板中展开"低通"选项,将"屏蔽度"选项设置为5764.8Hz,如图8-53所示。个性女装新品宣传片制作完成。

图 8-52 图 8-53

8.2.4 扩展实践:制作时尚音乐宣传片

制作时尚音乐宣传片,需要使用"导入"命令导入素材,使用"效果控件"面板调整视频素材的大小,使用"速度/持续时间"命令调整音频的播放速度和持续时间,使用"平衡"效果调整音频的左右声道。最终效果参看云盘中的"Ch08\时尚音乐宣传片\效果\时尚音乐宣传片"文件,如图8-54所示。

微课视频

制作时尚音乐宣传片

图 8-54

图 8-54（续）

任务 8.3　　项目演练——制作动物世界宣传片

　　本任务要求读者通过制作动物世界宣传片，掌握使用"导入"命令导入素材的方法，使用"效果控件"面板调整素材大小的方法，使用"色阶"效果调整画面亮度的方法，使用"显示轨道关键帧"选项制作音频淡出与淡入效果的方法，使用"低通"效果制作低音效果的方法。最终效果参看云盘中的"Ch08\动物世界宣传片\效果\动物世界宣传片"文件，如图 8-55 所示。

微课视频

制作动物世界宣传片

图 8-55

项目9

掌握输出技巧
——输出文件

09

本项目主要介绍Premiere Pro CC 2019中与影片最终输出有关的项目预演、文件格式及输出参数等知识。通过对本项目的学习，读者可以掌握渲染输出文件的方法和技巧。

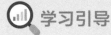 学习引导

知识目标

- 了解影片项目的预演

能力目标

- 掌握生成预演的方法
- 熟练掌握输出不同格式的文件的方法

素养目标

- 体验生成视频文件的成就感

任务 9.1　了解影片项目的预演

9.1.1　任务引入

本任务要求读者首先了解影片预演的相关知识；然后掌握通过监视器面板和"渲染入点到出点"命令进行影片预演的操作。影片预演是视频编辑过程中对编辑效果进行检查的重要手段，它实际上也属于视频编辑工作的一部分。

9.1.2　任务知识：影片预演

影片预演分为两种：一种是实时预演，另一种是生成预演。

实时预演，也称实时预览，即平时所说的预览，单击"节目"面板中的"播放-停止切换"按钮▶即可实现。与实时预演不同的是，生成预演不是使用显卡对画面进行实时预演，而是使用计算机的 CPU 对画面进行运算，先生成预演文件，然后再播放该预演文件。因此，生成的预演文件的质量取决于计算机 CPU 的运算能力。该预演文件的画面是平滑的，不会出现停顿或跳跃现象，其画面效果和最终渲染输出的文件的画面效果是完全一致的。

生成的预演文件可以重复使用，用户下一次预演该片段时会自动使用该预演文件。在关闭该项目文件时，如果不进行保存，预演生成的临时文件会被自动删除；如果用户在修改预演片段后再次预演该片段，就会重新渲染并生成新的临时预演文件。

9.1.3　任务实施

❶ 实时预演

（1）影片编辑完成后，在时间轴面板中将时间标签拖曳到需要预演的片段的开始位置，如图 9-1 所示。

（2）在"节目"面板中单击"播放-停止切换"按钮▶，开始播放影片，在"节目"面板中预览影片的最终效果，如图 9-2 所示。

图 9-1　　　　　　　　　　　　　　　　　　　图 9-2

2 生成预演

（1）影片编辑完成以后，在适当的位置标记入点和出点，以确定要生成的预演片段的范围，如图9-3所示。

（2）选择"序列 → 渲染入点到出点"命令，系统将开始渲染，并弹出"渲染"对话框显示渲染进度，如图9-4所示。

（3）在"渲染"对话框中单击"渲染详细信息"左侧的▶按钮，将其展开，可以查看渲染的开始时间、已用时间和可用磁盘空间等信息。

图9-3

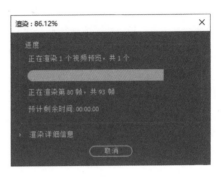
图9-4

（4）渲染结束后，系统会自动播放生成的预演片段。在时间轴面板中，预演部分上方会显示绿色线条，其他部分上方则会显示黄色线条，如图9-5所示。

图9-5

（5）如果用户已设置了预演文件的保存路径，就可以在计算机的硬盘中找到生成的临时预演文件，如图9-6所示。双击该文件，则可以脱离 Premiere Pro CC 2019 进行预演片段的播放，如图9-7所示。

图9-6

图9-7

任务 9.2   熟练掌握输出多种格式的文件的方法

9.2.1   任务引入

本任务要求读者首先了解视频、音频的常用输出格式和输出参数；然后通过在选项卡中进行设置，掌握输出多种格式文件的方法。

9.2.2   任务知识：常用输出格式和输出参数

❶ 常用输出格式

在 Premiere Pro CC 2019 中，可以输出多种文件格式的文件，包括视频、音频、静态图像和序列图像等格式的文件，下面进行详细讲解。

◎ 可输出的视频格式

在 Premiere Pro CC 2019 中，可以输出多种视频格式的文件，常用的视频格式有以下几种。

① AVI：用于输出 AVI 格式的视频文件，适合保存高质量的视频文件，但输出的文件较大。

② 动画 GIF：用于输出 GIF 格式的动画文件，可以显示视频画面，但不包含音频部分。

③ QuickTime：用于输出 MOV 格式的数字电影，适合保存 Windows 系统和 macOS 上的视频文件，此类文件适合在网上传输。

④ H.264：用于输出 MP4 格式的视频文件，适合输出高清视频和录制蓝光光盘。

⑤ Windows Media：用于输出 WMV 格式的流媒体格式文件，此类文件适合在网络和移动平台中发布。

◎ 可输出的音频格式

在 Premiere Pro CC 2019 中，可以输出多种音频格式的文件，常用的音频格式有以下几种。

① 波形音频：用于输出 WAV 格式的音频，只输出影片的声音，此类文件适合发布在各平台中。

② AIFF：用于输出 AIFF 格式的音频，此类文件适合发布在剪辑平台中。

此外，Premiere Pro CC 2019 还可以输出 DV AVI、Real Media 和 QuickTime 格式的音频。

◎ 可输出的图像格式

在 Premiere Pro CC 2019 中，可以输出多种图像格式的文件，常用的图像格式有 Targa、TIFF 和 BMP 等。

❷ 输出参数

在 Premiere Pro CC 2019 中输出文件之前，必须合理设置相关的输出参数，使输出的影片达到理想的效果。

（1）在时间轴面板中选择需要输出的视频序列，选择"文件 → 导出 → 媒体"命令，在弹出的"导出位置"对话框中进行设置，如图 9-8 所示。

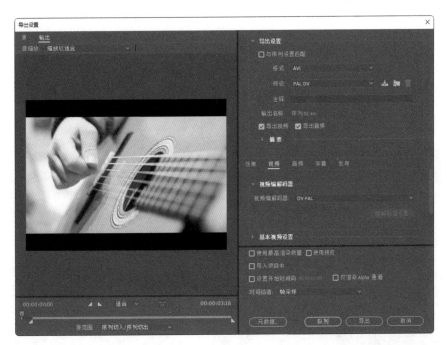

图 9-8

（2）在对话框右侧的选项区域中设置文件的格式及输出区域等参数。在"格式"下拉列表中，可以选择输出的文件格式。勾选"导出视频"复选框，可输出整个项目文件的视频部分；若取消勾选该复选框，则不能输出视频部分。勾选"导出音频"复选框，可输出整个项目文件的音频部分；若取消勾选该复选框，则不能输出音频部分。

◎ "视频"选项卡

在"视频"选项卡中，可以为输出的视频设置格式、品质及影片尺寸等相关参数，如图 9-9 所示。

"视频"选项卡中主要参数的含义如下。

视频编解码器：通常视频文件的数据量很大，为了减少它所占的磁盘空间，在输出时可以对文件进行压缩；在其下拉列表中选择需要的压缩方式，如图 9-10 所示。

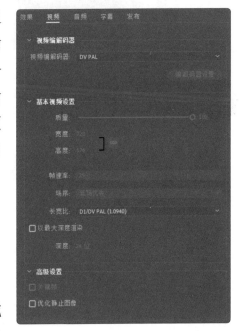

图 9-9

质量：用于设置影片的压缩品质，通过拖动滑块来设置品质的百分比。

宽度 / 高度：用于设置影片的尺寸。

帧速率：用于设置每秒播放的帧数，提高帧速率可以使画面播放得更流畅。

场序：用于设置影片的场扫描方式，有无场（逐行扫描）、高场优先和低场优先3种方式。

长宽比：用于设置视频文件的画面比例；单击其右侧的下拉按钮▾，在弹出的下拉列表中选择需要的选项，如图9-11所示。

以最大深度渲染：勾选此复选框，可以提高视频质量，但会增加编码时间。

关键帧：勾选此复选框，可以指定在导出视频中插入关键帧的频率。

优化静止图像：勾选此复选框，可以将序列中的静止图像渲染为单个帧，有助于减小导出视频文件的大小。

图 9-10

图 9-11

◎ "音频"选项卡

在"音频"选项卡中，可以为输出的音频指定压缩方式、采样速率等相关参数，如图9-12所示。

"音频"选项卡中主要参数的含义如下。

音频格式：用于选择音频的导出格式。

音频编解码器：用于为输出的音频选择合适的压缩方式。

采样率：用于设置输出音频时使用的采样速率；采样速率越高，音频质量越好，但所占的磁盘空间越大，所需的处理时间越长。

声道：在其下拉列表中可以为音频选择单声道或立体声。

音频质量：用于设置输出音频的质量。

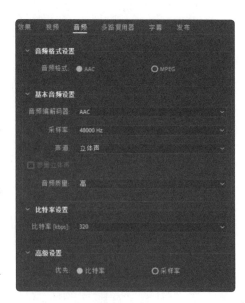

图 9-12

比特率：用于设置音频编码所用的比特率；比特率越高，音频质量越好。

优先：选中"比特率"单选按钮，将基于所选的比特率限制采样率；选中"采样率"单选按钮，将限制指定采样率的比特率值。

9.2.3 任务实施

1 输出单帧图像

（1）在 Premiere Pro CC 2019 的时间轴面板中添加一个视频文件，选择"文件 → 导出 → 媒体"命令，弹出"导出设置"对话框。在"格式"下拉列表中选择"TIFF"选项，在"输出名称"选项中设置文件名并设置文件的保存路径，勾选"导出视频"复选框，在"视频"选项卡中取消勾选"导出为序列"复选框，其他参数保持默认，如图 9-13 所示。

（2）单击"导出"按钮，导出当前时间标签处的单帧图像。

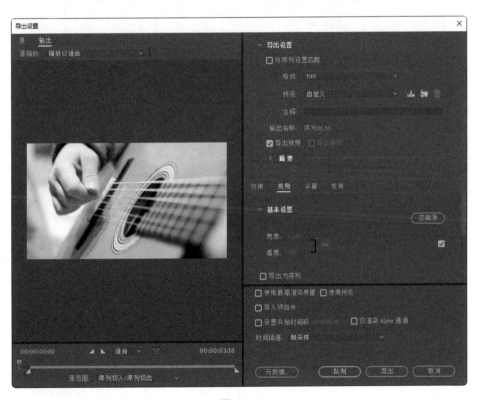

图 9-13

2 输出音频文件

（1）在 Premiere Pro CC 2019 的时间轴面板中添加一个有声音的视频文件或打开一个有声音的项目文件，选择"文件 → 导出 → 媒体"命令，弹出"导出设置"对话框。在"格式"下拉列表中选择"MP3"选项，在"预设"下拉列表中选择"MP3 128 kbps"选项，在"输出名称"选项中设置文件名并设置文件的保存路径，勾选"导出音频"复选框，其他参数保持默认，如图 9-14 所示。

（2）单击"导出"按钮，导出音频文件。

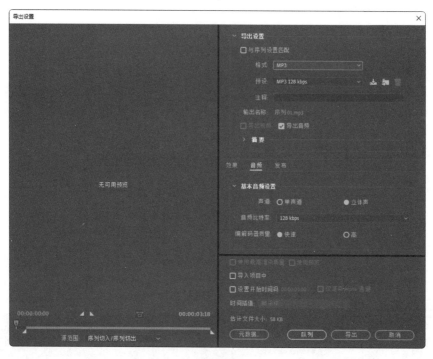

图 9-14

3 输出整个影片

（1）在 Premiere Pro CC 2019 的时间轴面板中打开一个视频文件，选择"文件 → 导出 → 媒体"命令，弹出"导出设置"对话框。

（2）在"格式"下拉列表中选择"AVI"选项，如图 9-15 所示。

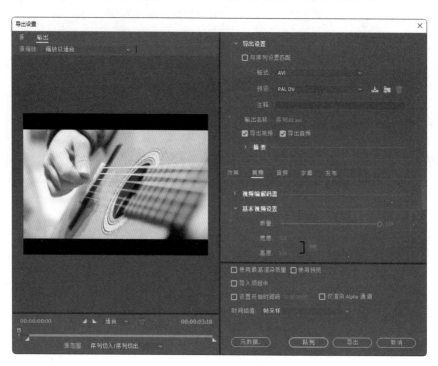

图 9-15

（3）在"输出名称"选项中设置文件名并设置文件的保存路径，勾选"导出视频"复选框和"导出音频"复选框。

（4）设置完成后，单击"导出"按钮，即可导出 AVI 格式的影片。

④ 输出静态图片序列文件

（1）在 Premiere Pro CC 2019 的时间轴面板中添加一个视频文件，输出该视频的一部分内容，如图 9-16 所示。

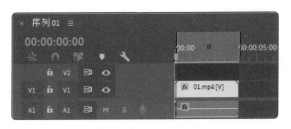

图 9-16

（2）选择"文件 → 导出 → 媒体"命令，弹出"导出设置"对话框。在"格式"下拉列表中选择"TIFF"选项，在"输出名称"选项中设置文件名并设置文件的保存路径，勾选"导出视频"复选框，在"视频"选项卡中勾选"导出为序列"复选框，其他参数保持默认，如图 9-17 所示。

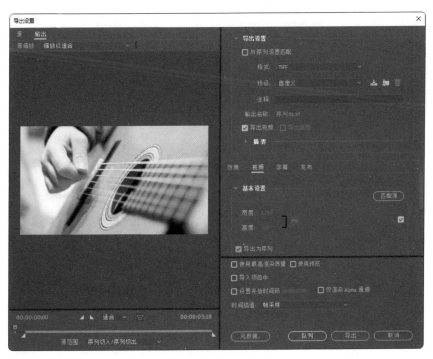

图 9-17

（3）单击"导出"按钮，导出静态图片序列文件。

项目10

掌握商业应用
——综合设计实训

本项目通过4个影视制作案例，进一步讲解Premiere Pro CC 2019的功能和使用技巧。通过对本项目的学习，读者可以加深理解软件功能，提高操作技巧，制作出丰富多变的多媒体效果。

学习引导

知识目标
- 了解软件的常见应用领域

能力目标
- 掌握软件功能的使用方法
- 掌握软件在不同设计领域的使用技巧

素养目标
- 培养对不同设计领域视频的整体审美能力

任务分解
- 制作旅游节目包装
- 制作烹饪节目片头
- 制作婚礼电子相册
- 制作牛奶宣传广告

任务 10.1　制作旅游节目包装

10.1.1　任务引入

本任务要求读者制作旅游节目包装，读者需要掌握使用"导入"命令导入素材的方法，使用"效果控件"面板编辑视频文件的大小并制作动画的方法，使用"颜色平衡"效果、"高斯模糊"效果和"色阶"效果制作视频文件效果的方法，使用"基本图形"面板添加文字和图形并制作动画的方法。最终效果参看云盘中的"Ch10\旅游节目包装\效果\旅游节目包装"文件，如图 10-1 所示。

微课视频

制作旅游节目
包装

图 10-1

10.1.2　任务实施

（1）启动 Premiere Pro CC 2019，选择"文件 → 新建 → 项目"命令，弹出"新建项目"对话框，在其中进行设置，如图 10-2 所示。单击"确定"按钮，新建项目。选择"文件 → 新建 → 序列"命令，弹出"新建序列"对话框，选择"设置"选项卡，其中的设置如图 10-3 所示。单击"确定"按钮，新建序列。

（2）选择"文件 → 导入"命令，弹出"导入"对话框，选择本书云盘中的"Ch10\旅游节目包装\素材\01 ~ 07"文件，如图 10-4 所示。单击"打开"按钮，将素材导入"项目"面板中，如图 10-5 所示。

（3）在"项目"面板中，选择"01"文件并将其拖曳到时间轴面板中的"视频 1（V1）"轨道中，弹出"剪辑不匹配警告"对话框。单击"保持现有设置"按钮，在保持现有序列设置的情况下将"01"文件放置在"视频 1（V1）"轨道中，如图 10-6 所示。将时间标签拖曳到 02:10 的位置。将鼠标指针放在"01"文件的结束位置并单击，显示出编辑点。按 E 键，将所选编辑点定位到时间线上，如图 10-7 所示。

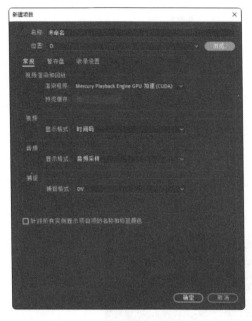

图 10-2　　　　　　　　　　　　　　　图 10-3

图 10-4　　　　　　　　　　　　　　　图 10-5

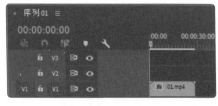

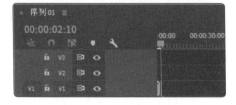

图 10-6　　　　　　　　　　　　　　　图 10-7

（4）用相同的方法添加并剪辑其他文件，如图 10-8 所示。将时间标签拖曳到 0s 的位置。

在"效果"面板中展开"视频效果"分类选项，单击"颜色校正"文件夹左侧的▶按钮将其展开，选择"颜色平衡"效果，如图10-9所示。

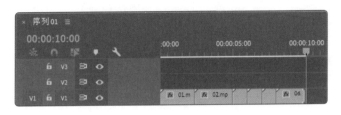

图10-8　　　　　　　　　　　　　　　　　　　　图10-9

（5）将"颜色平衡"效果拖曳到时间轴面板中"视频1（V1）"轨道中的"01"文件上。在"效果控件"面板中展开"颜色平衡"选项，具体设置如图10-10所示。

（6）将时间标签拖曳到02:10的位置。在时间轴面板中选择"02"文件。在"效果控件"面板中展开"运动"选项，将"缩放"选项设置为67.0，如图10-11所示。将时间标签拖曳到08:00的位置。在"效果"面板中将"颜色平衡"效果拖曳到时间轴面板中"视频1（V1）"轨道中的"06"文件上。在"效果控件"面板中展开"颜色平衡"选项，具体设置如图10-12所示。退出"06"文件的选择状态。

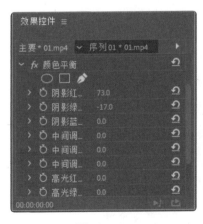

图10-10　　　　　　　　　　图10-11　　　　　　　　　　图10-12

（7）将时间标签拖曳到0s的位置。在"基本图形"面板中选择"编辑"选项卡，单击"新建图层"按钮 ，在弹出的菜单中选择"文本"命令。时间轴面板中的"视频2（V2）"轨道中将生成"新建文本图层"文件，如图10-13所示。将鼠标指针放在该文件的结束位置并单击，显示出编辑点，向左拖曳编辑点到"01"文件的结束位置，如图10-14所示。"节目"面板中将生成文字，如图10-15所示。选择并修改文字，效果如图10-16所示。

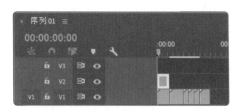

图 10-13   图 10-14

图 10-15   图 10-16

（8）选择"节目"面板中的文字，在"基本图形"面板中选择"旅游时刻"文件，"对齐并变换"栏中的设置如图 10-17 所示，"文本"栏中的设置如图 10-18 所示。"节目"面板中的效果如图 10-19 所示。

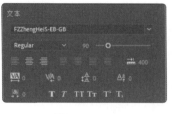

图 10-17   图 10-18   图 10-19

（9）选择时间轴面板中"视频 2（V2）"轨道中的"旅游时刻"文件。在"效果控件"面板中展开"运动"选项，将"缩放"选项设置为 1000.0。单击"缩放"选项左侧的"切换动画"按钮，如图 10-20 所示，记录第 1 个动画关键帧。将时间标签拖曳到 02:00 的位置。将"缩放"选项设置为 100.0，如图 10-21 所示，记录第 2 个动画关键帧。

图 10-20   图 10-21

（10）在"效果"面板中单击"模糊与锐化"文件夹左侧的▶按钮将其展开，选择"高斯模糊"效果，如图 10-22 所示。将"高斯模糊"效果拖曳到时间轴面板中"视频 2（V2）"轨道中的"旅游时刻"文件上。将时间标签拖曳到 0 的位置。在"效果控件"面板中展开"高斯模糊"选项，将"模糊度"选项设置为 20.0。单击"模糊度"选项左侧的"切换动画"按钮，如图10-23所示，记录第1个动画关键帧。将时间标签拖曳到02:00的位置。将"模糊度"选项设置为0，如图10-24所示，记录第2个动画关键帧。退出时间轴面板中"旅游时刻"文件的选择状态。

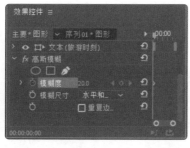
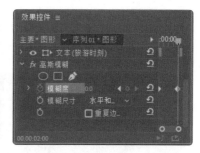

| 图10-22 | 图10-23 | 图10-24 |

（11）将时间标签拖曳到00:23的位置。在"基本图形"面板中选择"编辑"选项卡，单击"新建图层"按钮▣，在弹出的菜单中选择"矩形"命令。时间轴面板中的"视频3（V3）"轨道中将生成图形文件，如图10-25所示。将鼠标指针放在图形文件的结束位置并单击，显示出编辑点，向左拖曳编辑点到"01"文件的结束位置，如图10-26所示。

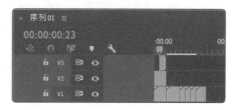

| 图10-25 | 图10-26 |

（12）"节目"面板中将生成矩形，如图10-27所示。选择并调整矩形，移动矩形边框外的锚点⊕，矩形调整后的效果如图10-28所示。

| 图10-27 | 图10-28 |

（13）在"基本图形"面板中选择图形文件，"对齐并变换"栏中的设置如图10-29所示。"节目"面板中的效果如图10-30所示。

| 图10-29 | 图10-30 |

（14）选择时间轴面板中"视频3（V3）"轨道中的图形文件。将时间标签拖曳到00:23的位置。在"效果控件"面板中展开"运动"选项，将"位置"选项设置为640.0和633.0，单击"位置"选项左侧的"切换动画"按钮，如图10-31所示，记录第1个动画关键帧。将时间标签拖曳到01:23的位置。将"位置"选项设置为640.0和360.0，如图10-32所示，记录第2个动画关键帧。用相同的方法创建其他图形和文字，并制作动画效果，如图10-33所示。

图10-31　　　　　　　　　　　　　　图10-32

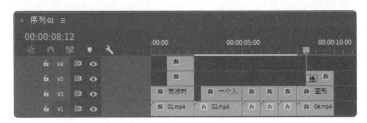

图10-33

（15）在"项目"面板中，选择"07"文件并将其拖曳到时间轴面板中的"音频1（A1）"轨道中，如图10-34所示。将鼠标指针放在"07"文件的结束位置并单击，显示出编辑点，向左拖曳编辑点到"06"文件的结束位置，如图10-35所示。

图10-34　　　　　　　　　　　　　　图10-35

（16）将时间标签拖曳到09:07的位置。选择时间轴面板中的"07"文件。在"效果控件"面板中展开"音频"选项，单击"旁路"和"级别"选项左侧的"切换动画"按钮，以及"级别"选项右侧的"添加/移除关键帧"按钮，如图10-36所示，记录第1个动画关键帧。将时间标签拖曳到09:21的位置。将"级别"选项设置为-999.0，如图10-37所示，记录第2个动画关键帧。旅游节目包装制作完成。

图 10-36

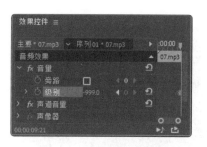
图 10-37

任务 10.2　制作烹饪节目片头

10.2.1　任务引入

本任务要求读者制作烹饪节目片头，读者需要掌握使用"导入"命令导入素材的方法，使用"效果控件"面板编辑视频文件的大小并制作动画的方法，使用"速度／持续时间"命令调整视频播放速度和持续时间的方法，使用"基本图形"面板添加文字的方法。最终效果参看云盘中的"Ch10\烹饪节目片头\效果\烹饪节目片头"文件，如图 10-38 所示。

图 10-38

微课视频

制作烹饪节目片头

10.2.2　任务实施

（1）启动 Premiere Pro CC 2019，选择"文件 → 新建 → 项目"命令，弹出"新建项目"对话框，在其中进行设置，如图 10-39 所示。单击"确定"按钮，新建项目。选择"文件 → 新建 → 序列"命令，弹出"新建序列"对话框，选择"设置"选项卡，其中的设置如图 10-40 所示。单击"确定"按钮，新建序列。

图 10-39

图 10-40

（2）选择"文件 → 导入"命令，弹出"导入"对话框，选择本书云盘中的"Ch10\ 烹饪节目片头 \ 素材 \01 ～ 16"文件，如图 10-41 所示。单击"打开"按钮，将素材导入"项目"面板中，如图 10-42 所示。

图 10-41

图 10-42

（3）在"项目"面板中，选择"01"文件并将其拖曳到时间轴面板中的"视频 1（V1）"轨道中，如图 10-43 所示。将时间标签拖曳到 12:00 的位置。将鼠标指针放在"01"文件的结束位置并单击，显示出编辑点。当鼠标指针呈◀形状时，按住鼠标左键不放，向右拖曳鼠标指针到 12:00 的位置，如图 10-44 所示。

图 10-43

图 10-44

（4）将时间标签拖曳到 00:12 的位置。在"项目"面板中，选择"02"文件并将其拖曳到时间轴面板中的"视频 2（V2）"轨道中，如图 10-45 所示。将时间标签拖曳到 03:16的位置。将鼠标指针放在"02"文件的结束位置并单击，显示出编辑点。当鼠标指针呈◀形状时，按住鼠标左键不放，向右拖曳鼠标指针到 03:16 的位置，如图 10-46 所示。

图 10-45　　　　　　　　　　　　　　　　图 10-46

（5）选择时间轴面板中的"02"文件。在"效果控件"面板中展开"运动"选项，将"缩放"选项设置为 30.0，如图 10-47 所示。将时间标签拖曳到 00:18 的位置。在"项目"面板中，选择"03"文件并将其拖曳到时间轴面板中的"视频 3（V3）"轨道中，剪辑该文件，如图 10-48 所示。

图 10-47　　　　　　　　　　　　　　　　图 10-48

（6）选择时间轴面板中的"03"文件。在"效果控件"面板中展开"运动"选项，将"位置"选项设置为 838.0 和 287.0、"缩放"选项设置为 0。单击"缩放"选项左侧的"切换动画"按钮 ，如图 10-49 所示，记录第 1 个动画关键帧。将时间标签拖曳到 00:22 的位置。将"缩放"选项设置为 100.0，如图 10-50 所示，记录第 2 个动画关键帧。

图 10-49　　　　　　　　　　　　　　　　图 10-50

（7）选择"序列 → 添加轨道"命令，在弹出的"添加轨道"对话框中进行设置，如图 10-51 所示。单击"确定"按钮，在时间轴面板中添加 8 个视频轨道。用相同的方法在时间轴面板中添加 04 ～ 11 文件，在"效果控件"面板中调整它们的位置并制作缩放动画。在"项目"面板中，选择"12"文件并将其拖曳到时间轴面板中的"视频 2（V2）"轨道中，如图 10-52 所示。

图 10-51

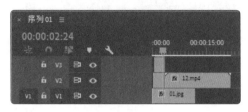

图 10-52

（8）选择"剪辑 → 速度 / 持续时间"命令，在弹出的"剪辑速度 / 持续时间"对话框中进行设置，如图 10-53 所示。单击"确定"按钮，调整素材。将时间标签拖曳到 04:24 的位置。将鼠标指针放在"12"文件的结束位置并单击，显示出编辑点。当鼠标指针呈◀形状时，按住鼠标左键不放，向右拖曳鼠标指针到 04:24 的位置，如图 10-54 所示。

图 10-53

图 10-54

（9）选择时间轴面板中的"12"文件。在"效果控件"面板中展开"运动"选项，将"缩放"选项设置为 34.0，如图 10-55 所示。将时间标签拖曳到 04:16 的位置。在"项目"面板中，选择"13"文件并将其拖曳到时间轴面板中的"视频 3（V3）"轨道中，如图 10-56 所示。

图 10-55

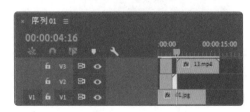

图 10-56

（10）选择"剪辑 → 速度 / 持续时间"命令，在弹出的"剪辑速度 / 持续时间"对话框中进行设置，如图 10-57 所示。单击"确定"按钮，调整素材。将时间标签拖曳到 06:05 的位置。

将鼠标指针放在"13"文件的结束位置并单击，显示出编辑点。当鼠标指针呈◂|形状时，按住鼠标左键不放，向右拖曳鼠标指针到06:05的位置，如图10-58所示。

图 10-57

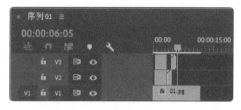

图 10-58

（11）选择时间轴面板中的"13"文件。在"效果控件"面板中展开"运动"选项，将"缩放"选项设置为67.0，如图10-59所示。用相同的方法在时间轴面板中添加"14"~"16"文件，调整它们的速度和持续时间，并在"效果控件"面板中调整它们的大小，如图10-60所示。退出时间轴面板中素材的选择状态。

图 10-59

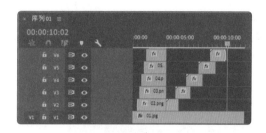

图 10-60

（12）在"基本图形"面板中选择"编辑"选项卡，单击"新建图层"按钮🔲，在弹出的菜单中选择"文本"命令。时间轴面板中的"视频2（V2）"轨道中将生成"新建文本图层"文件，如图10-61所示。"节目"面板中的效果如图10-62所示。

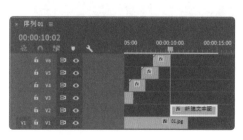

图 10-61

图 10-62

（13）在"节目"面板中修改文字，效果如图10-63所示。在时间轴面板中将鼠标指针放在"香哈哈厨房"文件的结束位置并单击，显示出编辑点。当鼠标指针呈◂|形状时，按住鼠标左键不放，向左拖曳鼠标指针到"01"文件的结束位置，如图10-64所示。

图 10-63

图 10-64

（14）在"基本图形"面板中选择"香哈哈厨房"文件，"对齐并变换"栏中的设置如图 10-65 所示。将"外观"栏中的"填充"颜色设置为红色 (224, 0, 27)，"文本"栏中的设置如图 10-66 所示。

（15）选择时间轴面板中的"香哈哈厨房"文件。将时间标签拖曳到 10:02 的位置。在"效果控件"面板中展开"运动"选项，将"位置"选项设置为 640.0 和 62.0。单击"位置"选项左侧的"切换动画"按钮，如图 10-67 所示，记录第 1 个动画关键帧。将时间标签拖曳到 10:21 的位置。将"位置"选项设置为 640.0 和 360.0，如图 10-68 所示，记录第 2 个动画关键帧。使用相同的方法创建其他文字，并制作动画效果。烹饪节目片头制作完成。

图 10-65

图 10-66

图 10-67

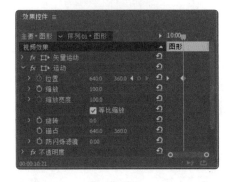

图 10-68

任务 10.3　制作婚礼电子相册

10.3.1　任务引入

本任务要求读者制作婚礼电子相册，读者需要掌握使用"导入"命令导入素材的方法，使用不同过渡效果制作视频之间的过渡效果的方法，使用"效果控件"面板设置文本属性的方法，以及使用"位置"选项、"缩放"选项和"旋转"选项制作动画的方法。最终效果参看云盘中的"Ch10\婚礼电子相册\效果\婚礼电子相册"文件，如图10-69所示。

微课视频

制作婚礼电子
相册

图 10-69

10.3.2 任务实施

（1）启动 Premiere Pro CC 2019，选择"文件 → 新建 → 项目"命令，弹出"新建项目"对话框，在其中进行设置，如图10-70所示。单击"确定"按钮，新建项目。选择"文件 → 新建 → 序列"命令，弹出"新建序列"对话框，选择"设置"选项卡，其中的设置如图10-71所示。单击"确定"按钮，新建序列。

图 10-70   图 10-71

（2）选择"文件 → 导入"命令，弹出"导入"对话框，选择本书云盘中的"Ch10\婚礼电子相册\素材\01 ~ 06"文件，如图10-72所示。单击"打开"按钮，将素材导入"项目"面板中，如图10-73所示。

图 10-72   图 10-73

（3）在"项目"面板中选择"01"文件并将其拖曳到时间轴面板中的"视频 1（V1）"轨道中，弹出"剪辑不匹配警告"对话框。单击"保持现有设置"按钮，在保持现有序列设置的情况下将"01"文件放置在"视频 1（V1）"轨道中，如图 10-74 所示。将时间标签拖曳到 05:00 的位置。将鼠标指针放在"01"文件的结束位置，当鼠标指针呈◀形状时，按住鼠标左键不放，向左拖曳鼠标指针到 05:00 的位置，如图 10-75 所示。

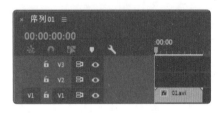

图 10-74   图 10-75

（4）选择"视频 1（V1）"轨道中的"01"文件，如图 10-76 所示。将时间标签拖曳到 0 的位置。在"效果控件"面板中展开"运动"选项，将"缩放"选项设置为 163.0，如图 10-77 所示。

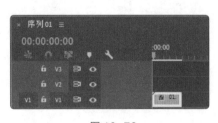

图 10-76   图 10-77

（5）选择"文件→新建→旧版标题"命令，弹出"新建字幕"对话框，如图 10-78 所示。单击"确定"按钮，弹出"字幕"面板。选择"旧版标题工具"面板中的"文字"工具 **T**，在"字幕"面板中单击并输入需要的文字。在"旧版标题属性"面板中展开"属性"栏，相关设置如图 10-79 所示。展开"填充"栏，将"颜色"选项设置为白色。展开"描边"栏，单击"外描边"右侧的"添加"链接，添加外描边，将"颜色"选项设置为红色 (202, 38, 70)，其他设置如图 10-80 所示。

图 10-78　　　　　　　　　　　　图 10-79　　　　　　　　　　图 10-80

（6）"字幕"面板中的效果如图 10-81 所示。用相同的方法输入其他文字，效果如图 10-82 所示。关闭"字幕"面板，新建的字幕文件将自动保存到"项目"面板中。

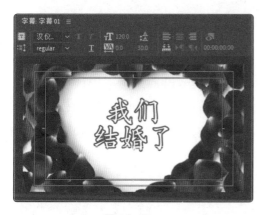

图 10-81　　　　　　　　　　　　　　　　图 10-82

（7）将时间标签拖曳到 01:02s 的位置。在"项目"面板中选择"字幕 01"文件并将其拖曳到时间轴面板中的"视频 2（V2）"轨道中，如图 10-83 所示。将鼠标指针放在"字幕 01"文件的结束位置，当鼠标指针呈◀形状时，按住鼠标左键不放，向左拖曳鼠标指针到"01"文件的结束位置，如图 10-84 所示。

图 10-83　　　　　　　　　　　　　　　　图 10-84

（8）在"效果"面板中展开"视频过渡"分类选项，单击"溶解"文件夹左侧的▶按钮将其展开，选择"交叉溶解"效果，如图 10-85 所示。将"交叉溶解"效果拖曳到时间轴面板中"字幕 01"文件的开始位置，如图 10-86 所示。

图 10-85　　　　　　　　　　　　图 10-86

（9）在"项目"面板中选择"02"文件并将其拖曳到时间轴面板中的"视频1（V1）"轨道中，如图 10-87 所示。将时间标签拖曳到 07:02 的位置。将鼠标指针放在"02"文件的结束位置，当鼠标指针呈◀形状时，按住鼠标左键不放，向左拖曳鼠标指针到 07:02 的位置，如图 10-88 所示。

图 10-87　　　　　　　　　　　　图 10-88

（10）在"项目"面板中选择"03"文件并将其拖曳到时间轴面板中的"视频1（V1）"轨道中，如图 10-89 所示。将时间标签拖曳到 08:23 的位置。将鼠标指针放在"03"文件的结束位置，当鼠标指针呈◀形状时，按住鼠标左键不放，向左拖曳鼠标指针到 08:23 的位置，如图 10-90 所示。

图 10-89　　　　　　　　　　　　图 10-90

（11）在"项目"面板中选择"04"文件并将其拖曳到时间轴面板中的"视频1（V1）"轨道中，如图 10-91 所示。将时间标签拖曳到 10:24 的位置。将鼠标指针放在"04"文件的结束位置，当鼠标指针呈◀形状时，按住鼠标左键不放，向左拖曳鼠标指针到 10:24 的位置，如图 10-92 所示。

图 10-91　　　　　　　　　　　　图 10-92

（12）在"效果"面板中展开"视频过渡"分类选项，选择"交叉溶解"效果，如图10-93所示。将"交叉溶解"效果拖曳到时间轴面板中"02"文件的结束位置和"03"文件的开始位置之间，如图10-94所示。

图10-93　　　　　　　　　　　　　图10-94

（13）用相同的方法将"交叉溶解"效果拖曳到时间轴面板中"03"文件的结束位置和"04"文件的开始位置之间，如图10-95所示。在"项目"面板中选择"05"文件并将其拖曳到时间轴面板中的"视频2（V2）"轨道中，如图10-96所示。

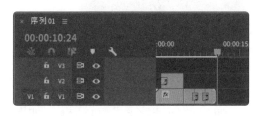

图10-95　　　　　　　　　　　　　图10-96

（14）将鼠标指针放在"05"文件的结束位置，当鼠标指针呈◀形状时，按住鼠标左键不放，向右拖曳鼠标指针 到"04"文件的结束位置，如图10-97所示。将时间标签拖曳到05:00的位置，如图10-98所示。

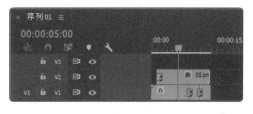

图10-97　　　　　　　　　　　　　图10-98

（15）选择时间轴面板中的"05"文件。将时间标签拖曳到05:00的位置。在"效果控件"面板中展开"运动"选项，将"位置"选项设置为638.2和521.4、"缩放"选项设置为110.0。展开"不透明度"选项，将"不透明度"选项设置为0.0%，单击"不透明度"选项左侧的"切换动画"按钮 ⬚，如图10-99所示，记录第1个动画关键帧。将时间标签拖曳到05:05的位置。将"不透明度"选项设置为100.0%，如图10-100所示，记录第2个动画关键帧。将时间标签拖曳到05:10的位置。将"不透明度"选项设置为0.0%，如图10-101所示，记录第3个动画关键帧。

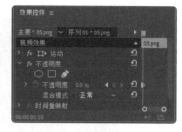

图 10-99　　　　　　　　　　图 10-100　　　　　　　　　　图 10-101

（16）将时间标签拖曳到 05:15 的位置。将"不透明度"选项设置为 100.0%，如图 10-102 所示，记录第 4 个动画关键帧。用相同的方法制作其他关键帧，如图 10-103 所示。

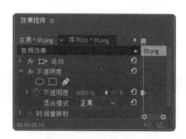
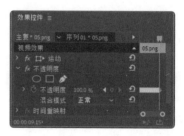

图 10-102　　　　　　　　　　图 10-103

（17）选择"文件 → 新建 → 旧版标题"命令，弹出"新建字幕"对话框，如图 10-104 所示。单击"确定"按钮，弹出"字幕"面板。选择"旧版标题工具"面板中的"文字"工具 **T**，在"字幕"面板中单击并输入需要的文字。在"旧版标题属性"面板中展开"属性"栏，相关设置如图 10-105 所示。展开"填充"栏，将"颜色"选项设置为白色，"字幕"面板中的文字如图 10-106 所示。关闭"字幕"面板，新建的字幕文件将自动保存到"项目"面板中。

图 10-104　　　　　　　　　　图 10-105

图 10-106

（18）在"项目"面板中选择"字幕 02"文件并将其拖曳到时间轴面板中的"视频 3（V3）"轨道中，如图 10-107 所示。将鼠标指针放在"字幕 02"文件的结束位置，当鼠标指针呈◄形状时，按住鼠标左键不放，向右拖曳鼠标指针到"05"文件的结束位置，如图 10-108 所示。

图 10-107

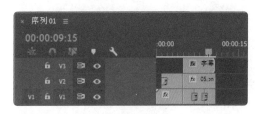

图 10-108

（19）在"项目"面板中选择"06"文件并将其拖曳到时间轴面板中的"视频 4（V4）"轨道中，如图 10-109 所示。将时间标签拖曳到 07:15 的位置。将鼠标指针放在"06"文件的结束位置，当鼠标指针呈◄形状时，按住鼠标左键不放，向左拖曳鼠标指针到 07:15 的位置，如图 10-110 所示。

图 10-109

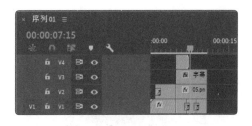

图 10-110

（20）将时间标签拖曳到 05:00 的位置。选择时间轴面板中的"06"文件。在"效果控件"面板中展开"运动"选项，将"位置"选项设置为 345.5 和 669.3、"缩放"选项设置为 20.0、"旋转"选项设置为 30.0°。单击"位置""缩放""旋转"选项左侧的"切换动画"按钮，如图 10-111 所示，记录第 1 个动画关键帧。将时间标签拖曳到 05:11 的位置。将"位置"选项设置为 427.3 和 529.2、"缩放"选项设置为 35.0、"旋转"选项设置为 −13.9°，如图 10-112 所示，记录第 2 个动画关键帧。

图 10-111

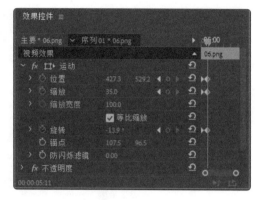

图 10-112

（21）将时间标签拖曳到 05:23 的位置。将"位置"选项设置为 327.0 和 414.9、"缩放"选项设置为 45.0、"旋转"选项设置为 32.1°，如图 10-113 所示，记录第 3 个动画关键帧。将时间标签拖曳到 06:09 的位置。将"位置"选项设置为 425.2 和 293.9、"缩放"选项设置为 55.0，如图 10-114 所示，记录第 4 个动画关键帧。

图 10-113

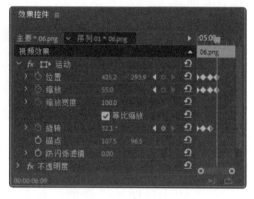

图 10-114

（22）将时间标签拖曳到 06:20 的位置。将"位置"选项设置为 1221.0 和 168.4、"缩放"选项设置为 45.0，如图 10-115 所示，记录第 5 个动画关键帧。将时间标签拖曳到 07:06 的位置。将"位置"选项设置为 486.6 和 36.1、"缩放"选项设置为 35.0，如图 10-116 所示，记录第 6 个动画关键帧。

图 10-115

图 10-116

（23）在"项目"面板中选择"06"文件并将其拖曳到时间轴面板中的"视频4（V4）"轨道中，如图10-117所示。将鼠标指针放在"06"文件的结束位置，当鼠标指针呈◂形状时，按住鼠标左键不放，向左拖曳鼠标指针到"字幕02"文件的结束位置，如图10-118所示。

图 10-117

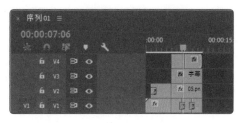

图 10-118

（24）选择时间轴面板中的"06"文件。将时间标签拖曳到07:15的位置。在"效果控件"面板中展开"运动"选项，将"位置"选项设置为977.5和74.2、"缩放"选项设置为20.0、"旋转"选项设置为20.0°。单击"位置""缩放""旋转"选项左侧的"切换动画"按钮📷，如图10-119所示，记录第1个动画关键帧。用相同的方法制作其他关键帧，如图10-120所示。婚礼电子相册制作完成。

图 10-119

图 10-120

任务 10.4　制作牛奶宣传广告

10.4.1　任务引入

本任务要求读者制作牛奶宣传广告，读者需要掌握使用"效果控件"面板中的"位置"和"缩放"选项调整图像的位置和大小的方法，使用"不透明度"选项设置图像不透明度并制作动画的方法，使用"添加轨道"命令添加视频轨道的方法。最终效果参看云盘中的"Ch10\牛奶宣传广告\效果\牛奶宣传广告"文件，如图10-121所示。

图 10-121

10.4.2 任务实施

（1）启动 Premiere Pro CC 2019，选择"文件 → 新建 → 项目"命令，弹出"新建项目"对话框，在其中进行设置，如图 10-122 所示。单击"确定"按钮，新建项目。选择"文件 → 新建 → 序列"命令，弹出"新建序列"对话框，选择"设置"选项卡，其中的设置如图 10-123 所示。单击"确定"按钮，新建序列。

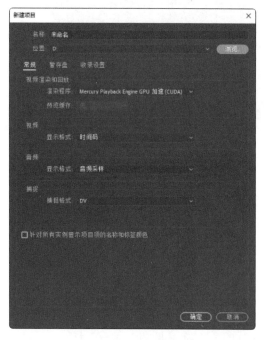

图 10-122

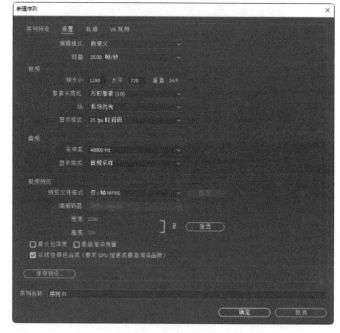

图 10-123

（2）选择"文件 → 导入"命令，弹出"导入"对话框，选择本书云盘中的"Ch10\ 牛奶宣传广告 \ 素材 \01 ~ 07"文件，如图 10-124 所示。单击"打开"按钮，将素材导入到"项目"面板中，如图 10-125 所示。

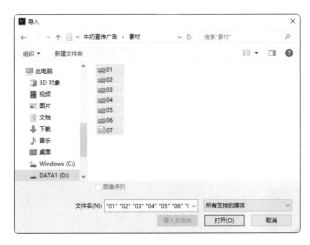

图 10-124　　　　　　　　　　　　　　　　　图 10-125

（3）单击时间轴面板中的"链接选择项"按钮，退出其激活状态。在"项目"面板中，选择"07"文件并将其拖曳到时间轴面板中的"视频1（V1）"轨道中，弹出"剪辑不匹配警告"对话框。单击"保持现有设置"按钮，在保持现有序列设置的情况下将"07"文件放置在"视频1（V1）"轨道中，如图 10-126 所示。选择时间轴面板中的"07"文件的音频文件，如图 10-127 所示。

图 10-126　　　　　　　　　　　　　　　　　图 10-127

（4）按 Delete 键，删除音频文件，如图 10-128 所示。在"效果"面板中展开"视频效果"分类选项，单击"调整"文件夹左侧的▶按钮将其展开，选择"色阶"效果，如图 10-129 所示。将"色阶"效果拖曳到时间轴面板中的"07"文件上。在"效果控件"面板中展开"色阶"选项，将"(RGB) 输入黑色阶"选项设置为 55，如图 10-130 所示。

图 10-128　　　　　　　　图 10-129　　　　　　　　图 10-130

（5）将时间标签拖曳到 03:03 的位置。在"项目"面板中，选择"01"文件并将其拖曳到时间轴面板中的"视频2（V2）"轨道中，如图10-131所示。选择时间轴面板中的"01"文件。在"效果控件"面板中展开"运动"选项，将"位置"选项设置为640.0和751.0、"缩放"选项设置为170.0。单击"位置"选项左侧的"切换动画"按钮，如图10-132所示，记录第1个动画关键帧。

图10-131　　　　　　　　　　　　　　　　图10-132

（6）将时间标签拖曳到03:11的位置。将"位置"选项设置为640.0和555.0，如图10-133所示，记录第2个动画关键帧。将鼠标指针放在"01"文件的结束位置，当鼠标指针呈◄形状时，按住鼠标左键不放，向右拖曳鼠标指针到"07"文件的结束位置，如图10-134所示。

图10-133　　　　　　　　　　　　　　　　图10-134

（7）选择"序列→添加轨道"命令，在弹出的"添加轨道"对话框中进行设置，如图10-135所示。单击"确定"按钮，添加轨道，如图10-136所示。

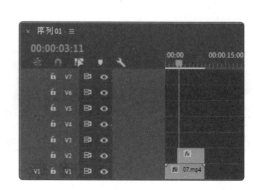

图10-135　　　　　　　　　　　　　　　　图10-136

（8）将时间标签拖曳到03:22的位置。在"项目"面板中，选择"02"文件并将其拖曳到时间轴面板中的"视频7（V7）"轨道中，如图10-137所示。选择时间轴面板中的"02"文件。在"效果控件"面板中展开"运动"选项，将"位置"选项设置为1358.0和350.0、"缩放"选项设置为50.0。单击"位置"和"缩放"选项左侧的"切换动画"按钮，如图10-138所示，记录第1个动画关键帧。

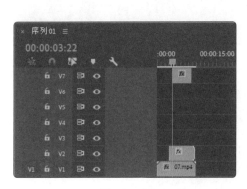

图 10-137

图 10-138

（9）将时间标签拖曳到04:11的位置。将"位置"选项设置为1018.0和343.0、"缩放"选项设置为155.0，如图10-139所示，记录第2个动画关键帧。将鼠标指针放在"02"文件的结束位置，当鼠标指针呈形状时，按住鼠标左键不放，向右拖曳鼠标指针到"01"文件的结束位置，如图10-140所示。

图 10-139

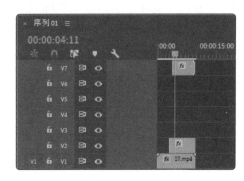

图 10-140

（10）将时间标签拖曳到04:24的位置。在"项目"面板中，选择"03"文件并将其拖曳到时间轴面板中的"视频5（V5）"轨道中，如图10-141所示。选择时间轴面板中的"03"文件。在"效果控件"面板中展开"运动"选项，将"位置"选项设置为430.5和262.8、"缩放"选项设置为10.0。单击"缩放"选项左侧的"切换动画"按钮，如图10-142所示，记录第1个动画关键帧。将时间标签拖曳到05:13的位置。将"缩放"选项设置为160.0，如图10-143所示，记录第2个动画关键帧。

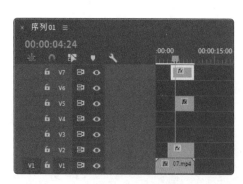

图 10-141

图 10-142

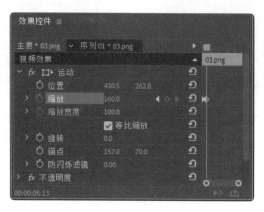

图 10-143

（11）将时间标签拖曳到 05:21 的位置。在"项目"面板中，选择"04"文件并将其拖曳到时间轴面板中的"视频 6（V6）"轨道中，如图 10-144 所示。选择时间轴面板中的"04"文件。在"效果控件"面板中展开"运动"选项，将"位置"选项设置为649.9 和 430.8、"缩放"选项设置为 160.0。展开"不透明度"选项，单击"不透明度"选项左侧的"切换动画"按钮 和右侧的"添加 / 移除关键帧"按钮 ，如图 10-145 所示，记录第 1 个动画关键帧。

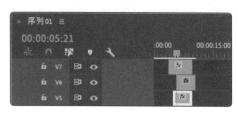

图 10-144

图 10-145

（12）将时间标签拖曳到05:23的位置。将"不透明度"选项设置为50.0%，如图10-146所示，记录第2个动画关键帧。将时间标签拖曳到06:00的位置。将"不透明度"选项设置为100.0%，如图10-147所示，记录第3个动画关键帧。

图10-146　　　　　　　　　　　　　　图10-147

（13）将时间标签拖曳到06:02的位置。将"不透明度"选项设置为50.0%，如图10-148所示，记录第4个动画关键帧。将时间标签拖曳到06:04的位置。将"不透明度"选项设置为100.0%，如图10-149所示，记录第5个动画关键帧。

图10-148　　　　　　　　　　　　　　图10-149

（14）将鼠标指针放在"04"文件的结束位置，当鼠标指针呈 形状时，按住鼠标左键不放，向左拖曳鼠标指针到"03"文件的结束位置，如图10-150所示。将时间标签拖曳到06:19的位置。在"项目"面板中，选择"05"文件并将其拖曳到时间轴面板中的"视频3（V3）"轨道中，如图10-151所示。

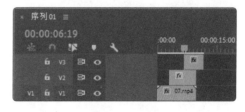

图10-150　　　　　　　　　　　　　　图10-151

（15）选择时间轴面板中的"05"文件。将时间标签拖曳到06:19的位置。在"效果控件"面板中展开"运动"选项，将"位置"选项设置为-61.1和604.0、"缩放"选项设置为138.0、"旋转"选项设置为-1.0°。单击"位置"选项左侧的"切换动画"按钮，如图10-152所示，记录第1个动画关键帧。将时间标签拖曳到07:00的位置。将"位置"选项设置为348.3和604.0，如图10-153所示，记录第2个动画关键帧。

图 10-152

图 10-153

（16）将鼠标指针放在"05"文件的结束位置，当鼠标指针呈┫形状时，按住鼠标左键不放，向左拖曳鼠标指针到"04"文件的结束位置，如图 10-154 所示。将时间标签拖曳到 07:12 的位置。在"项目"面板中，选择"06"文件并将其拖曳到时间轴面板中的"视频 4（V4）"轨道中，如图 10-155 所示。

图 10-154

图 10-155

（17）选择时间轴面板中的"06"文件。将时间标签拖曳到 07:12 的位置。在"效果控件"面板中展开"运动"选项，将"位置"选项设置为 1037.9 和 559.4，"缩放"选项设置为 150.0。单击"位置"选项左侧的"切换动画"按钮，如图 10-156 所示，记录第 1 个动画关键帧。将时间标签拖曳到 08:01 的位置。将"位置"选项设置为 623.9 和 559.4，如图 10-157 所示，记录第 2 个动画关键帧。

图 10-156

图 10-157

（18）将鼠标指针放在"06"文件的结束位置，当鼠标指针呈┫形状时，按住鼠标左键不放，向左拖曳鼠标指针到"05"文件的结束位置，如图 10-158 所示。牛奶宣传广告制作完成，如图 10-159 所示。

图 10-158

图 10-159

任务 10.5 项目演练——制作英文歌曲 MV

本任务要求读者制作英文歌曲 MV，读者需要掌握使用"旧版标题"命令添加并编辑文字的方法，使用"效果控件"面板编辑视频的位置、缩放和不透明度并制作包含图片和文字的动画的方法，使用"效果"面板制作素材之间的过渡效果的方法。最终效果参看云盘中的"Ch10\ 英文歌曲 MV\ 效果 \ 英文歌曲 MV"文件，如图 10-160 所示。

图 10-160

微课视频

制作英文歌曲
MV1

微课视频

制作英文歌曲
MV2

微课视频

制作英文歌曲
MV3

扩展知识扫码阅读

设计基础知识

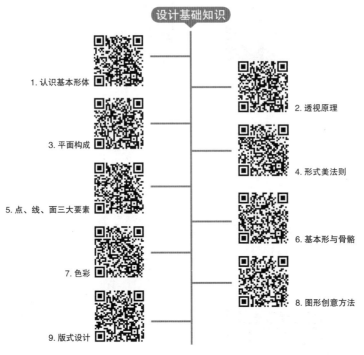

1. 认识基本形体

2. 透视原理

3. 平面构成

4. 形式美法则

5. 点、线、面三大要素

6. 基本形与骨骼

7. 色彩

8. 图形创意方法

9. 版式设计

设计应用知识

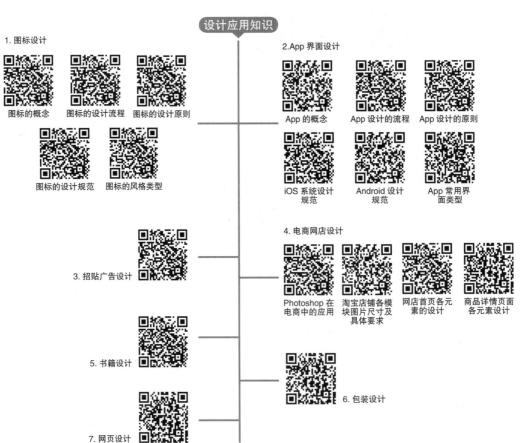

1. 图标设计

图标的概念　图标的设计流程　图标的设计原则

图标的设计规范　图标的风格类型

2.App 界面设计

App 的概念　App 设计的流程　App 设计的原则

iOS 系统设计规范　Android 设计规范　App 常用界面类型

3. 招贴广告设计

4. 电商网店设计

Photoshop 在电商中的应用　淘宝店铺各模块图片尺寸及具体要求　网店首页各元素的设计　商品详情页面各元素设计

5. 书籍设计

6. 包装设计

7. 网页设计